Rüdiger Syring

up-date für's Gehirn

Leid & Chaos beginnen im Kopf

Verlag und Druck:

tredition GmbH, Halenreie 40-44, 22359 Hamburg

ISBN
Paperback: 978-3-7482-3638-2
Hardcover: 978-3-7482-3639-9
e-Book: 978-3-7482-3640-5

Der Kopf ist rund, damit das Denken die Richtung ändern kann.

Francis Picabia

Inhaltsverzeichnis

PROLOG

Das menschliche Gehirn hat eine lange Zeit der Entwicklung und der Anpassung hinter sich. Deutlich erkennbar ist dies an jenen Teilen, aus denen sich das Gehirn zusammensetzt. Wir finden im Wesentlichen drei übereinandergeschichtete Bereiche, die auch noch in sich halbiert bzw. paarig ausgelegt sind:

Stammhirn, Zwischenhirn und Großhirn.

Die moderne Neurobiologie belegt, dass negative Gefühle wie Aggression, Stress und Angst im Kopf beginnen, und zwar im Stammhirn. Das generelle Wissen, welche Prozesse in unserem Gehirn ablaufen, ist der erste Schritt in ein selbstbestimmtes, zufriedenes Leben. In unserem Stammhirn befindet sich der Ort, wo sich unser Leben entscheidet. Es ist der älteste und tiefliegenste Teil des menschlichen Gehirns und hat sich bereits vor ca. 500 Millionen Jahren im Laufe der Evolution entwickelt.

Hier befindet sich der Sitz der motorischen Planung und Steuerung, von Teilen des Arbeitsgedächtnisses und der Kontrolle der Persönlichkeit. Dabei greift er Informationen aus den anderen Kortex-Arealen ab: Sehen, Hören, Fühlen etc. und Erinnerungen an frühere Erfahrungen. Er steht in einem Funktionsgleichgewicht mit dem limbischen System:

Während dieses Emotionen generiert, ermöglicht das Stammhirn deren Beherrschung. Hier ist also echtes Teamwork angesagt.

Wenn umgangssprachlich auch vom Reptiliengehirn als dem ältesten Gehirnteil des Menschen gesprochen wird, bekommen wir einen Eindruck, wie alt der Überlebensreflex „Kampf oder Flucht" ist. Es zeigt aber auch, dass Teile unseres Gehirns noch sehr archaisch funktionieren und bestimmte Körperfunktionen in Sekundenbruchteilen aktivieren können.

Dennoch: Unser reptilisches Gehirn ist kein Freund von Veränderungen. Gewohnheiten und antrainierte Verhaltensweisen sind (fast) unveränderbar gespeichert.

Ein Spezialfall ist die Angststarre (bei Tieren auch als „Totstell-Reflex" bezeichnet), eine körperliche Reaktion auf die Aussichtslosigkeit von Kampf oder Flucht. Auf menschliche Begriffe übertragen: Hilflosigkeit als gelernte Erfahrung, dass keine Aktivität Aussicht auf Sicherheit oder Schutz bietet. Länger andauernde oder häufige Hilflosigkeit kann zu Hoffnungslosigkeit und Resignation führen. Dies ist dann der direkte Weg in die Antriebsarmut und Depression.

Das Reptiliengehirn suggeriert uns ständig einen Überlebensmodus, triggert treibend programmierte Antworten, und präsentiert uns somit billige Abzüge der Realität. Bewährte Muster und Routinen sind angesagt.

Besondere Merkmale des Reptiliengehirns sind das Recht des Stärkeren, Kontrolle, Aggression, Sexsucht und Sucht allgemein, Steifigkeit, Besessenheit, Zwanghaftigkeit, Anbetungen, Angst, Gier, Hass, Zweifel und der Wunsch nach Obrigkeit und sozialen Hierarchien. Dies sind alles Energien, die sich durch uns ausdrücken und uns begrenzen.

In der Sprache dieses archaischen Hirns würde es dann heißen: „Raubt mir meine Freiheiten, implantiert mir einen Mikrochip und sagt mir was ich machen soll, ich bin zu allem bereit, aber bitte rettet mich!"

Wie also hält man sich die Menschen gefügig? Indem man ihnen permanent Ängste einimpft. Angst ist der größte Manipulator, wenn es um unser Hirn geht.

Angst, Nervosität, Stress und Besorgnis – all diese Empfindungen verweisen auf "Gefahr" und binden uns an das Reaktionsprogramm des Reptilien-Gehirns. Dieses ist auf allen Ebenen menschlichen Empfindens aktiv:

Angst vor dem Verlust des Partners, der Arbeit, des Zuhauses, Angst vor dem eigenen Tod wie auch dem Tod anderer, Angst vor "Gott" und dem "Teufel" und Angst vor dem Weltuntergang. Wer sein Überleben - physisch, finanziell oder moralisch - gefährdet sieht, der gibt seine Macht instinktiv an alles oder jeden ab, der ihm Schutz verspricht.

Die Methoden der Manipulation sind bei uns kein öffentliches Thema. Die Mehrheit kennt sie nicht und durchschaut sie nicht, obwohl es sich dabei um ziemlich einfach zu erkennende Tricks handelt, die wir teilweise sogar aus unserem Alltagsleben kennen.

Um Manipulation erkennen zu können, benötigt man Bewusstsein. Man muss sich selbst bewusst werden. Man muss wissen, welche Gedanken einen bestimmen und woher sie kommen. Hat man die Kontrolle über seine Gedanken, so hat man die Kontrolle über sich selbst. Wenn ich also denke, ich sei ein „armes Würstchen", dann ist das eine Rolle, die ich durch die Manipulation von außen angenommen habe. Das Bewusstsein steht über den eigenen Gedanken, weil jeder seine Gedanken beobachten kann.

Von einem **up-date** des Gehirns spricht man, wenn der Mensch Fähigkeiten entwickelt, um sich der Umwelt anzupassen und in seiner eigenen Struktur Veränderungen vorzunehmen, um den Anforderungen des Lebens gerecht zu werden.

Ein Beweis für die Anpassungsfähigkeit des Gehirns ist die Tatsache, dass Menschen, die nicht mehr sehen oder hören können, andere Gehirnareale, die mit der Wahrnehmung durch andere Sinne zu tun haben, stärker entwickeln und neue Synapsen im Gehirn entstehen. Aber die meisten Menschen verharren lieber im Gewohnten, als etwas Neues zu installieren.

nutzte, konnte sich nicht ernähren oder vor wilden Tieren schützen. Nur die Klügsten überlebten. Dieser Selektionsdruck ließ die menschliche Intelligenz stetig steigen.

Frank Schirrmacher, ein streitbarer Feuilletonist der „Frankfurter Allgemeinen Zeitung", bekennt in seinem jüngsten Buch „Payback", er sei den Ansprüchen des Digitalzeitalters nicht mehr gewachsen. Die Reizüberflutung überfordert ihn. „Der Kopf kommt nicht mehr mit. Das Multitasking vermanscht das Gehirn", klagt er. Nicht er benutze das Internet, das Internet fresse ihn auf.

Wir sind, so der Befund, einem digitalen Dauerfeuer ausgesetzt, das uns pausenlos in Alarm versetzt. „Ich-Erschöpfung" nennt der amerikanische Sozialpsychologe Roy Baumeister das neue Krankheitsbild, wenn Menschen ausbrennen unter dem Zwang, ständig auf neue Impulse zu reagieren.

Vielleicht ist Schirrmachers Netz-Neurose auch zu verstehen als letzter Seufzer einer untergehenden Spezies. Was danach kommt, nennt der Psychiater Prof. Manfred Spitzer „digitale Demenz". Mehr zu diesem Thema am Ende des Buches: Big Data frisst Hirn.

Tuning fürs Hirn

Unser Gehirn hat 100 Milliarden Nervenzellen. Es ist ein fein gesponnenes Netz und das Ergebnis von 650 Millionen Jahren beständiger Weiterentwicklung. Es ist die Basis für Wahrnehmung, Bewegung, Denken, Sprechen, Fühlen, Handeln. Es kann sich an verschiedenste Umwelten und Kulturen anpassen, denn es ist lernfähig und kreativ. Das Hirn ist das einzige Organ, das durch Nutzung besser wird.

Ein Großteil der menschlichen Kognition verläuft unbewusst. Das Unterbewusstsein ist für den Menschen so wichtig, dass es allen bewussten Entscheidungen als Abwägungsebene vorgelagert ist. Doch ist es auch eine Art Hintertür, die den Menschen anfällig für Manipulationen macht, denn jede noch so kleine unterbewusst wahrgenommene Information manipuliert bewusste Gedankengänge des Gehirns.

Aber sein Träger, der Mensch, ist noch nicht zufrieden. Er möchte das Gehirn weiter optimieren. Und zwar mit den besten Absichten. Nicht nur die geistig-kognitive Leistungsfähigkeit soll gesteigert werden, sondern auch die moralische. Wissenschaftler sprechen von „Moral Enhancement". Kann der Mensch durch Eingriffe ins Gehirn zu einem besseren Mensch werden – im ethischen Sinne des Wortes?

"Moralische Aufrüstung" klingt auf den ersten Blick gut, doch die vermeintliche ethische Verbesserung des Menschen wirft bei näherem Hinsehen selbst eine Menge ethischer Fragen auf. Wer bestimmt, wann ein solcher Hirneingriff vernünftig ist, zu gefährlich oder auf Abwege führt?

Im postmodernen Turbokapitalismus sind Persönlichkeitstrainings ein Boom, der nicht abreißt. Einige dieser „Trainer" arbeiten seriös, und es ist wenig dagegen einzuwenden, Menschen aufzuklären, wie sie ihr Potenzial besser nutzen können als sie es derzeit tun.

Manche Philosophen rufen die Wissenschaft offen dazu auf, das menschliche Gehirn vernünftiger zu machen. Einige Ideen kursieren schon, zum Beispiel von Forschern an der Universität Oxford.

Vorschlag Nummer eins: Man dämpfe die Aktivität der sogenannten Mandelkerne im Gehirn, die unter anderem Furcht verarbeiten. Auf diese Weise würden die Menschen weniger ängstlich und könnten so toleranter und friedfertiger werden.

Vorschlag Nummer zwei: Man verabreiche Menschen das vertrauensbildende Hormon Oxytocin. Damit könne man sie sozialer machen, Untreue verhindern, Scheidungen vermeiden und das Problem des Geburtenrückgangs lösen.

Die Diskussion zu dieser Thematik hat gerade erst begonnen. Sollten beispielsweise Straftäter einen Strafnachlass erhalten, wenn sie zustimmen, dass man ihre Psyche durch Hirneingriffe verändert? Es ginge dann um eine neue Art von Resozialisierung. Könnte das aber nicht dazu führen, dass bei potenziellen Tätern Hemmschwellen fallen? Denn schließlich könnten sie ihr Strafmaß selbst vermindern.

Und was wäre, wenn ein menschliches Gehirn schon vor der Geburt so manipuliert werden könnte, wie sich einige Wissenschaftler einen „perfekten" Menschen vorstellen? Geht nicht, glauben Sie? Hätten Sie denn irgendwann gedacht, dass man nicht mal mehr eine weibliche Eizelle benötigt, um Kinder in die Welt zu setzen? Nach dem heutigen Stand der Wissenschaft benötigt man nicht mal mehr eine Frau, die das Kind austrägt, denn eine künstliche Gebärmutter gibt es bereits.

Die Wissenschaftler jubeln und Ethiker reagieren besorgt auf das neu geglückte Forschungsergebnis aus Japan und die Stammzellenforschung geht unaufhaltsam weiter: . Künstliche Gebärmutter, künstliche Eizellen und Spermien, künstliche Chromosomen, es gibt nichts, was es nicht gibt. Siehe: Wenn Menschen Gott spielen, gelingt die menschliche Fortpflanzung im Reagenzglas!

Selbst wenn die moralische Optimierung des Menschen eines Tages möglich sein sollte – wäre der damit verbundene Eingriff in die Persönlichkeit ihrerseits ethisch vertretbar? Die Gesellschaft sollte solche Fragen diskutieren, bevor die Hirnforscher tatsächlich zu diesen Eingriffen in der Lage sind. Nur dann kann sie auch die Richtung des neuro-wissenschaftlichen Fortschritts beeinflussen.

Für den Prozess der geistigen Hirnverbesserung wird dem gesunden Menschen empfohlen, Doping fürs Hirn zu betreiben, also Medikamente einzunehmen, die eigentlich für Krankheiten vorgesehen sind, zum Beispiel Modafinil. Die Ärzte verschreiben es üblicherweise gegen die Schlafkrankheit Narkolepsie, um die Patienten wach zu halten.

Das Thema ist nicht neu, denn täglich stimulieren wir uns mit Kaffee, Tee oder Extrakten aus den Blättern des Gingko-Baumes. Alle sollen helfen, unsere Gehirnfunktion zu erhalten oder zu verbessern.

Aber wir brauchen gar nicht erst zu Gingko oder Modafinil zu greifen, ähnlich wirksam ist Fastfood für unser Hirn. Werden beispielsweise Fett und Kohlehydrate, dazu gehört auch Zucker, in einem Nahrungsmittel zusammen aufgenommen, verwirrt das unsere Regulierungs-Systeme und das Belohnungssystem in den Köpfen. Bei der Suche nach den Ursachen wurden die Forscher in Nervenzellen des sogenannten Striatums fündig. In dieser Region des Gehirns befinden sich zum Beispiel unsere Motivations-Sensoren, die für Suchtreaktionen besonders wichtig sind. Sie entscheiden maßgeblich, wann unser Gehirn glücklich machende Belohnungssubstanzen wie Serotonin oder Dopamin ausschüttet und wie dringend es diese benötigt. Damit bestimmen sie aber auch die Intensität, mit der wir nach eben dieser Belohnung streben - also wie süchtig wir sind. Das kann dann die Befriedigung klassischer Triebe wie Essen, Rauchen, Trinken oder Sex sein - aber auch das Konsumieren einer Droge.

Und noch etwas anderes passiert im Gehirn: Im limbischen System, das Emotionen, Instinkte und triebgesteuertes Verhalten reguliert, wird zusätzlich eine emotionale Bewertung vorgenommen. Wir können nichts essen, ohne zwischen „Das mag ich" und „Das mag ich nicht" zu unterscheiden. Der Effekt: Nahrungsmittel, die salzig, süß oder herzhaft schmecken, verursachen umgehend ein Lustgefühl. Unser Geschmacksgedächtnis speichert diese Reaktion, und wir werden zukünftig immer wieder zu genau den Lebensmitteln greifen, die wir positiv verknüpft haben.

Diesen jahrtausendealten Mechanismus macht sich mittlerweile auch die Lebensmittelindustrie zunutze. Denn wenn ein Produkt beim Konsumenten mit einem Lustgefühl verbunden wird, kauft er es immer und immer wieder. Und um das zu erreichen, werden mehr und mehr Lebensmittel zusätzlich mit Aromen und anderen Zusatzstoffen versetzt. Ob Chips, Tütensuppen oder Joghurt: Europaweit werden jedes Jahr 170.000 Tonnen industriell hergestelltes Aroma verbraucht.

Dazu 95.000 Tonnen des Geschmacksverstärkers Glutamat. Schätzungsweise jedes zweite Produkt, welches in

Deutschland verzehrt wird, ist geschmacklich manipuliert.

Ein weiterer, bislang stark unterschätzter Effekt: Die Stoffe können uns unbemerkt auf Dicksein programmieren. Indem sie unseren Energiehaushalt manipulieren, regen sie uns dazu an, viel mehr zu essen, als Körper und Gehirn eigentlich benötigen – und wir nehmen immer weiter zu. Ein mittlerweile gut erforschtes Beispiel ist der Süßstoff Aspartam. Nehmen wir statt normalem Zucker den künstlichen Süßstoff zu uns, verwirren wir unser Gehirn. Die Geschmacksknospen haben ihm das Signal „süß" weitergeleitet, doch nach ca. zehn Minuten stellt es fest: Er bekommt keine Glucose, sondern Chemie. Daraufhin fordert es neue Energie an. Und wenn wir unser Gehirn mehrfach durch Süßstoffe getäuscht haben, reagiert es gereizt und ruft den Energienotstand aus – der führt dann zu Plan B, was bedeutet: Ich habe Hunger und muss essen, essen, essen ………..

Und dann ist da noch der Geruchssinn! Er besteht aus kleinen Molekülen in der Luft, die beim Einatmen auf unser Riechorgan stoßen. Das ist übrigens nicht, wie fälschlicherweise angenommen, die Nase. Diese stellt eher ein Tor zur Welt des Geruchs dar: Beim Einatmen saugt sie die Luft aus der Umgebung an und transportiert sie zum so genannten Riechepithel, einer feinen Zellschicht ganz oben in der Nasenhaupthöhle. Rund 10 Quadratzentimeter misst das menschliche Riechepithel.

Schon ungeborene Babys können ab der 28. Schwangerschafts-Woche riechen und Duftvorlieben der Mutter als positiv abspeichern. Dabei besitzt der Mensch "nur" etwa 30 Millionen Riechzellen, Hunde dagegen ca. 300 Millionen. Jede einzelne unserer Riechzellen ist ein Spezialist und reagiert nur auf bestimmte Düfte.

Dass unser Wohlbefinden maßgeblich von Gerüchen beeinflusst wird, weiß nahezu jeder. Bei welchem „Stoff" diese aber liegen, ist von persönlicher Dufterfahrung abhängig und kann antrainiert werden: Wenn ich glücklich bin und an einem Duft rieche, prägt sich das mit der Zeit in meinem Geruchsgedächtnis ein. Nach und nach wird sich der Effekt umkehren und der Duft wird ein Glücksgefühl in einem auslösen.

Gerüche können aber auch ein Warnsystem in unserem Körper aktivieren. Etwa indem uns übel wird, wenn wir verdorbene Lebensmittel riechen, oder wenn wir Staub oder Gas einatmen.

In einer Studie, die 2016 veröffentlicht wurde, fand Thomas Hummel mit Kollegen von der TU Dresden heraus, dass Düfte auch die kognitiven Fähigkeiten des Menschen sichtlich verbessern können. Drei Monate lang musste eine Gruppe von Probanden im Alter von 50 bis 84 Jahren täglich Sudokus als Gehirnjogging lösen, die andere Hälfte ließ sich einfach beduften.

Am Ende des Tests gab es bei den Sudoku-Lösern keine erheblichen kognitiven Änderungen. Die bedufteten Probanden hingegen konnten sich verbal besser ausdrücken als zuvor. Der Nebeneffekt: Sie fühlten sich auch um durchschnittlich sechs Jahre jünger als vor dem Test.

"Düfte regen offenbar die Hirntätigkeit an", erklärt Thomas Hummel das Ergebnis, "das Riechen hat einen anderen Zugriff auf das Gehirn als andere Sinnes-Systeme." Dadurch würde man sich im Gesamten wohler fühlen und auch aktiver werden. Weil im Alter die Fähigkeit des Riechens abnimmt, scheint also die beste Vorsorge: täglich an fünf bis zehn verschiedenen Gerüchen riechen; das hält Nase und Geist fit.

Welt im Wandel

Wir leben in einer entarteten Gesellschaft und die Umbrüche werden immer rasanter. Allein die Tatsache, dass heute mehr als jeder dritte Mensch in nicht akzeptabler Armut lebt, ist eine moralische Bankrotterklärung der reichen Länder und destabilisiert Frieden und Sicherheit der gesamten Weltgemeinschaft.

Das bisschen Identität, das die Menschen noch haben, landet vermehrt auf dem Bildermarkt der sozialen Medien und wird dort auf dem Altar von „Big Brother" geopfert. Diese Entartung digitaler Vernetzung bestimmt fortan, was gedacht, gefühlt und getan wird. Eine entseelte Ersatzwelt droht uns vollständig zu überwuchern. Dabei teilt sich die Gesellschaft in Eliten und Massen.

Erstere flüchten in die Überkompensation. Statt ihr Heil im ursprünglichen Sein zu suchen, wird Schwäche in Macht, Mangel in Gier und Bedeutungslosigkeit in Ruhm verwandelt. Der gemeinsame Nenner heißt: Haben als das Unvermögen zu sein.

Weil aber das HABEN das SEIN nie ersetzen kann, wird es zu einer Obzession. Der Mensch vernichtet alles, was seinem EGO-Ehrgeiz im Wege steht und ist überwältigt vom Zwang, von allem immer mehr zu brauchen. Mehr

Geld, mehr Macht und mehr Ansehen. Aber nichts davon macht wirklich glücklich und zufrieden.

Das EGO will immer und überall die Kontrolle behalten, obwohl das einzig Konstante im Leben der Wandel ist. Wie wollen wir in Zukunft damit umgehen?

Wir brauchen die richtige Balance zwischen Allmachts- und Ohnmachtsgedanken, zwischen Chancen und Risiken.

Der Kapitalismus ist die Verkörperung des EGOS. Es sucht das Glück in der Anhäufung und schließlich zerstört es wie ein Krebsgeschwür den gesamten Planeten. Braucht die Gesellschaft womöglich Krebs, um etwas zu verändern? Vernunft hat nur selten ein Umsteuern bewirkt.

Mehr durch schneller wird zum Credo des 21. Jahrhunderts. Wir haben nahezu alle Lebensbereiche beschleunigt. Der Preis, der dafür bezahlt wird, heißt Zeit-Not.

Jeder kann Tag und Nacht kaufen und verkaufen, kommunizieren, aktiv eingreifen, ruhelos auf das Smart-Phone stieren und dabei Grenzen und Strukturen verlieren.

Glücklich sind am Ende diejenigen, die am EGO zerbrechen, denn sie haben die einzigartige Chance, „wiedergeboren" zu werden. Zu erkennen, dass jedes individuelle Leben ein Spiegel dessen ist, woran ich ununterbrochen denke, glaube und wovon ich überzeugt bin. Bewusst oder unbewusst. Dass ich niemals Opfer, sondern immer Täter bin. Bei angenehmen Verläufen macht das keine Probleme. Wie aber sieht es bei Krankheit, Leid und Trauer aus?

Wie komme ich zur radikalen Akzeptanz, dass alles, was geschieht, ein Produkt der eigenen Gedanken-Matrix ist?

Was nicht im Licht und in der Liebe ist, zeigt sich mehr und mehr an Krisensymptomen und ist eigentlich nicht mehr lebbar.

Wir, die Menschheit, werden förmlich aufgemischt. Es ist eine sehr aufdeckende Kraft, die das nach oben spült, was immer schon oder seit langer Zeit unter die Decke gekehrt wurde. Prozesse erfordern Veränderung. Donald Trump ist dafür ein gutes Beispiel. Was bisher im Schatten lag (die Unwahrheit zu sagen und damit durchzukommen), zeigt uns derzeit in schonungsloser Offenheit der mächtigste Mann der Welt. In Trump steckt der kleine, wütende Junge, der ständig Sündenböcke sucht und sich an jenen rächt, die ihn einmal geärgert, beleidigt oder verletzt haben. Und er tobt jetzt seine Macht aus, weil er bei einem übermächtigen Vater so viel Ohnmacht gespürt hat. Auch das ist den meisten Menschen nicht fremd. Irgendwann und irgendwo waren sie ohnmächtig, fühlten sich klein und wertlos und wollen das jetzt zurückzahlen.

Diese Personen sind im Zeitalter der Transformation unsere Knöpfe-Drücker. Es gab schon viele davon und die Spezies stirbt nicht aus.

Es sind vor allem große Ängste, die hochkommen und diese Ängste sind wiederum der Grund für Unzufriedenheit und Wut. Nicht nur in den USA, auch in Deutschland und Europa.

Dahinter steckt vor allem die Angst, noch mehr zu verlieren. Die Angst, dass „die da Oben" am Volk vorbei regieren, vorbei an den Bedürfnissen der Menschen ihre Entscheidungen treffen, viele nicht mehr dazugehören. Und dabei sind die Flüchtlinge der Auslöser für diese Ängste. Sie lösen das aus, was viele schon in sich haben – Neid und Eifersucht. Das Boot ist voll und da werden Zäune aufgerichtet und das Fremde ausgesperrt. Das Gefühl, nicht genug zu bekommen, ist schon lange da, aber es wird jetzt nur noch deutlicher.

Die Kraft des Wandels ist eine aufdeckende Energie. Wir brauchen uns nur an die vielen Skandale zu erinnern – ob nun beim ADAC, VW, Panama-Papers, Diesel-Betrügereien, etc. Es wird aufgedeckt, was bisher nicht angeschaut wurde.

Deshalb finde ich es nicht tragisch, dass Trump gewählt wurde. Dadurch wird deutlicher, was in den USA und in der Welt los ist. Erst jetzt kann das Bewusstsein eines Volkes sichtbar werden, klar und unstrittig. Es ist extrem viel Unzufriedenheit und Wut da, Angst, Anklage, Opferbewusstsein. Und jetzt kommt es zu einer Polarisierung, zu Licht und Schatten, Gut und Böse, Liebe und Hass. Macht und Ohnmacht.

Die Schwingung der Erde steigt stark an und diese höhere Schwingung fördert all das zu Tage, was nicht in der Liebe ist. Wir sehen deutlich, was nicht mehr stimmig ist, welche Systeme immer mehr an Einfluss verlieren. Egal ob in Partnerschaften, Firmen, der Wirtschaft oder in der Politik. Wenn dort keine Liebe ist, sondern Egoismus und Korruption, dann brechen die Strukturen zusammen.

Und bevor etwas Neues kommt, müssen sich die alten Muster noch einmal zeigen. Alle Menschen, die jetzt noch in der Wut oder in der Angst sind, werden in den nächsten Jahren an das „Eingemachte" kommen und müssen sich entscheiden: wollen sie weiter wütend und ängstlich bleiben oder sich hinwenden zu Liebe und Solidarität.

Ich bin davon überzeugt, dass die Erde in einen neuen Zyklus hineingeht und viele alte Strukturen diesen Wandel nicht überstehen werden. Jeder Mensch wird jetzt an SEINE Wahrheit geführt – „was ist für mich stimmig und was nicht". Es ist eine sehr aufdeckende Zeit, in der ich die Wahl habe zwischen Opferbewusstsein und Schöpfer-Bewusstsein. Zwischen der Suche nach Sündenböcken oder Eigenverantwortung.

Die meisten unserer Probleme sind jedoch selbstgemacht. Sie entstehen durch ein NEIN. Durch Ablehnung dessen, was schon da ist: Ängste, Wut, Aggression, Trauer. Das NEIN erschafft einen Mangel, der sich tiefer und tiefer frisst in unsere Seele – eine Art mentale Karies.

Warum habe ich immer Geldmangel? Warum sind immer die einen reich und die anderen arm? Warum bin ich krank und der fiese Nachbar gesund? Warum hat er einen Job und ich nicht?

Probiere mal eine andere Fragestellung: Wie stelle ich es an, dass ich immer kurz vor dem Ersten pleite bin? Wie sieht meine Wertschätzung von Geld (als Entsprechung meines Selbstwertes) aus? Alles, was ich aussende, kommt vervielfacht zu mir zurück. Also denke ich ab heute mal anders: Ich bin wertvoll und ich verdiene den unendlichen Wohlstand, der für mich verfügbar ist. Diese Energie schicke ich mehrmals Tag für Tag, Woche für Woche Richtung kosmisches Bewusstsein. Mal schaun, was passiert!! Mehr dazu im Kapitel: Mangelbewusstsein ab Seite 146.

Wenn ich mit Dingen im Leben unzufrieden bin, muss ich sie ändern. Wenn das nicht geht, ist „ändern der Einstellung" eine mögliche Stellschraube. Wenn wir uns dem Problem stellen, stärken wir unsere psychologischen Muskeln, unsere psychische Widerstandskraft und unser Selbstvertrauen.

Ein gutes, unbeschwertes Leben wächst nicht auf einem großen Haufen MANGEL und Bedürftigkeit, es sind die freudigen, glücklichen, unbeschwerten Gedanken, die Fülle und Wohlstand anziehen. Zumindest diese Haltung leben die Mächtigen konsequent und nachhaltig. Während für sie das Beste nur gut genug ist, begnügt sich der

Massenmensch mit dem, was übrig bleibt- eine Art Mangelverwaltung.

Das trifft auf all' jene zu, die in einer Blase der Normopathie leben. Bei ihnen sind Haltung und Würde durch ständiges wegducken längst abhanden gekommen. Wenn die Masse und damit die Mehrheit pathologisch handelt, wird das Kranke nicht mehr erkannt und der Gesunde muss sich entschuldigen.

Es ist ganz einfach: einer ist solange Massenmensch, bis sein inneres Leiden ihn dazu zwingt, diesen Umstand zu erkennen und sich aus dem „Schwarm" zu entfernen. Das ist kein einmaliges Ereignis, sondern oft ein lebenslanger Prozess, der nicht von außen beeinflusst werden kann.

Entscheidend dafür, dass Haltung und Werte auch gelebt und nicht nur reklamiert werden, sind die Aneignung von Kompetenzen, zu denen in erster Linie Selbstentwicklung und Eigenverantwortlichkeit gehören. Nicht reden hilft, sondern handeln, etwas tun! Und das ist ein singulärer Vorgang. Viele haben versucht, den Menschen Werte und Haltungen zu oktruieren. Vergeblich. Oder um es mit dem griechischen Philosophen Plutarch zu umschreiben: „Der Geist des Menschen ist kein Gefäß, das gefüllt, sondern ein Feuer, das entfacht werden will."

Wer sich (noch) in der Opferrolle befindet, entzieht sich jeglicher Verantwortung und will bedient werden. Schwierige Zeiten sieht das Opfer nicht als Möglichkeit, zu lernen und sich weiterzuentwickeln. Er verharrt in einer inneren Starre und Blockade. Wenn wir frei und zufrieden sein wollen, sollten wir zuallererst die Jagd nach dem Sündenbock einstellen. Aufhören mit der Frage, wer ist Schuld. Ein altes Sprichwort lautet: "Der Schmerz ist unvermeidlich, aber Leiden ist eine Wahl."

Während wir uns einerseits nach Veränderung sehnen, fürchten wir uns vor dem Unbekannten. In einem grauen Schwarm von JA-Sagern ist mir eines ziemlich gewiss: Ich bin unter Gleichen. Als soziale Wesen wollen wir dazugehören. Wir brauchen Verbundenheit, wollen weder abgelehnt noch beschämt werden. Das klingt plausibel, ist aber nicht ohne Risiko.

Menschen mit vorhandenen Nöten und Schwächen brauchen starke und regide Führer, damit diese die Mängel im Denken und Fühlen ersetzen.

Die Spaltung der Gesellschaft in Eliten und Massen ist ein kollektiver Abwehrprozess, um nicht eigenständig denken und fühlen zu müssen, dass wir in einer Krise stecken. Wir vermeiden die Analyse der eigenen Schwäche, indem wir der anderen Seite vorwerfen, sie sei für das gesamte Dilemma verantwortlich. Statt Veränderung gilt das Prinzip der Projektion. Dabei zeigt der Finger nie auf mich, sondern immer auf den anderen.

Inzwischen ist unsere gesellschaftliche Kultur eine Diffamierungs-Kultur. Den Andersdenkenden nieder machen, um sich selbst zu erhöhen. Hier fehlt es an innerer Demokratie und Empathie.

Dieses Buch versteigt sich nicht in irgendwelche Thesen, nach welchen Patentrezepten sich besser und zufriedener leben lässt. Stattdessen beschreiben wir den Ist-Zustand. Was Gier und Geiz bewirken, wohin Allmachts-Fantasien und Psychosen der Macht führen und wie tief man graben muss, um die zunehmende Fremdenfeindlichkeit zu verorten. Und es geht dabei um Gewohnheiten. Es ist unser Hirn, so die bereits beschriebenen Erkenntnisse der modernen Neurobiologie, das danach strebt, so viel wie möglich zu routinisieren. Das schafft dann noch mehr freie Ressourcen fürs Chatten, für Fotos machen und verschicken, telefonieren, Surfen, Musikhören, Selfies posten, Spiele daddeln, Apps laden und so weiter - die ganze Palette der digitalen Gewohnheiten.

Raus aus der Routine ist niemals eine Frage der Fähigkeit. Die meisten Menschen sind darin geübt, Wandel und Veränderung zu vermeiden. Körpereigene Opioide lassen uns wohlfühlen, wenn wir Bekanntes und Bewährtes tun. Im Alltag mit Appellen und Aufklärung sog. Gewohnheiten zu Leibe zu rücken, ist nahezu zwecklos.

Viel wichtiger sind: Ziele setzen, Hintern hoch und dranbleiben. Und man muss verstehen, wo denn die „Feinde" im eigenen Körper stecken, die ständig auf die Bremse treten.

Auch unser Charakter besteht im Wesentlichen aus Gewohnheiten. Ein typisches Zeichen für Veränderungsbedarf ist die Unzufriedenheit. Wer jeden Morgen lustlos zur

Arbeit geht, sich ständig über die winzige Wohnung ärgert oder die Treffen mit alten Schulfreunden langweilig findet, dessen Leben braucht dringend neue Impulse. Dabei sind Gedanken der Vater aller Impulse. Kein Ding kann sein, ohne dass es vorher als Gedanke gedacht wurde. Konsequent zu Ende gedacht heißt das: Wir selbst sind (mittels denken) die Architekten unseres Schicksals.

Es gibt zwei Möglichkeiten, auf das Leben zu reagieren, um sich von ihm nicht bedroht zu fühlen. Die erste Möglichkeit: Wir stellen uns darüber, glauben, dass wir es meistern können, dass wir Einfluss haben und die Dinge so lenken können, wie es uns gefällt – wenn wir es nur „richtig" machen. Es ist die Variante der Lösungssuche, des Machens: „ich kann", „ich mache etwas, um …", „ich schaffe es". Die andere Möglichkeit ist, sich dem Leben zu unterwerfen – vielleicht sogar unter dem Deckmantel der Hingabe, einem sehr verführerischen Konzept für „arme Opfer". Es ist die Variante der Ohnmacht: „Ich kann nichts machen" oder „Ich bin nicht gut genug."

Die letzte Variante entspringt einem Kampf und darunter liegender Angst und Wut: Angst, dass das Leben, der eingeschlagenen Weg, mir nicht gibt, was ich mir wünsche; Resignation, dass das Leben mir nimmt, was mir doch eigentlich zusteht. Erst wenn wir müde davon sind, diesen Kampf gegen das Leben zu kämpfen, sind wir wirklich bereit aus eigenem Leid zu lernen. An dieser Stelle beginnen oft die „spirituellen Wege".

Der vom Kampf des Lebens ermüdete Mensch wendet sich Gott zu, denn Gott hat die Macht. Und der Mensch wird demütig.

Der Machthunger, der Geltungsdrang und die Bequemlichkeit des EGOs sind in diesem Prozess die härtesten Widersacher. Egomanie ist der Gegner und Zweifler für alles Neue, Ungewohnte. Es verschwindet niemals völlig. Ebenso wie die Gier und die Allmachts-Szenarien der Mächtigen. Wir können aber lernen, mit ihnen umzugehen. Durch ein **up-date** des Gehirns. Das macht das Leben in vielen Fällen leichter.

Leben heißt Loslassen!

Alles was wir festhalten, hält auch uns fest. Loslassen ist das Gegenteil von Festhalten. Zwischen beiden Polen gibt es kaum etwas, keine wirkliche Alternative. Ein bisschen Festhalten oder ein bisschen Loslassen bedeutet allenfalls Aufschub einer Entscheidung. Um es gleich am Anfang klarzustellen: Loslassen bezieht sich nicht in erster Linie auf materielle Dinge! Loslassen bezieht sich vor allem auf das Bild, das wir von uns selbst haben. Auf unsere persönlichen Überzeugungen, auf unsere Glaubenssätze, auf Konditionierungen, auf sog. Wahrheiten, an denen wir festhalten.

Wir kommen ohne alles auf diese Welt, und wir werden sie ohne alles wieder verlassen. Aber in der Zeit dazwischen verhalten wir uns so, als könnten wir alles unverändert behalten.

Wir tun so, als würde alles, was wir besitzen, zu uns gehören. Das ist ein Irrtum. Wenn es wirklich zu uns gehören würde, müssten wir es auch mitnehmen können.

Loslassen wird immer dann besonders schwierig, wenn wir uns mit etwas identifiziert haben. Wenn wir der höchst trügerischen Ansicht sind, dass dieses Etwas zu uns gehört. Dieses Etwas haben wir lediglich eine Weile zur Verfügung. Leid schaffen wir uns mit Sicherheit dann, wenn wir es über die Nutzungszeit hinaus festhalten wollen.

Da, wo das Prinzip „Annehmen und Loslassen" in das Gegenteil verkehrt wird, entsteht statt Fluss und Bewegung immer Kampf und Verharren. Kampf aber absorbiert Energie, sorgt für Starre und Blockaden.

Jede ICH-Identifikation mit äußeren Dingen oder Umständen führt zwangsläufig zu leidvollen Erfahrungen, da die äußeren Dinge und Umstände sich ständig ändern und sich sogar auflösen können. Wir sind nicht DIES oder JENES! In vielen Fällen können wir sogar ein Festhalten über den Tod hinaus feststellen.

Leben heißt Loslassen!

Leben ist ständiger Wechsel!

Leben ist Entstehen und Vergehen!

Leben ist Kommen und Gehen!

Loslassen bedeutet auch „UR-Vertrauen" leben!

1.   Zu wissen, dass ich geführt und geschützt werde.

2.   Zu wissen, dass nichts gegen mich geschieht.

3.   Zu wissen, dass immer sein wird, was ich brauche!

4.   Zu wissen, dass ich in den Lauf der Schöpfung eingebunden bin!

5.   Zu wissen, dass ich am richtigen Platz stehe!

Nach Freud und anderen wissen wir, dass der Grundstein für Ur-Vertrauen und natürlich auch zu seinem Gegenteil in den ersten 6-8 nachgeburtlichen Lebensmonaten des Menschen gelegt wird. Man bezeichnet diese Phase die Intentional-Phase. Mit Sicherheit ist auch die Zeit davor im Mutterleib prägend.

Das heißt, dass wir bereits in den ersten Lebensmonaten auf das Gleis gesetzt werden, auf dem wir uns dann ein Leben lang fortbewegen werden. Diese Feststellung bedarf allerdings einer Korrektur:

Wir können sowohl die Spurbreite, als auch die Richtung verändern, wenngleich nur mit Mühe! Der Gleiswechsel bedarf einer konsequenten und stetigen Arbeit, Übung und Kontrolle.

Alles, was ich mir nicht vorstellen kann, wird auch nicht in meinem Leben eintreten. Der Geist, die Gedanken, das Gefühl steht über der Materie. Sorge um Krankheit zieht Krankheit an. Sorge um finanzielle Enge zieht Armut an. Angst um Etwas zieht Angst an.

Gefühle entspringen der unbewussten Ebene. Sie herrschen jenseits der Logik. Die unbewusste Ebene bleibt am Ende immer der Sieger.

Ebenso muss Geben und Nehmen immer in der Balance sein. Wer mehr gibt, als er nimmt, blockiert den notwendigen Fluss und Austausch. Ich kann jemanden lieben, aber ich muss die gleiche Liebe für mich aufbringen.

Wir kommen ohne alles und wir gehen ohne alles. Das einzige, was wir mitnehmen können, ist die Erfahrung, ist die Erkenntnis, die uns weitergebracht hat.

Wir können uns mit unserem Besitz reich oder arm fühlen. Entscheidend ist, womit wir uns vergleichen. Erst der Vergleich schafft das Gefühl.

Wir haben die Wahl. Richten wir unsere Aufmerksamkeit auf einen Mangel, auf das was wir nicht haben, dann sind wir arm. Dieses Gefühl wird dann zur Quelle der Unzufriedenheit.

Loslassen ist niemals ein Verlust. Loslassen hält das Rad des Kommens und Gehens in Bewegung. Loslassen bringt uns der Fülle der Schöpfung näher als Festhalten. Und da die Schöpfung immer Bewegung ist, wird mir das Festgehaltene irgendwann gewaltsam genommen. Das ist eine absolut notwendige Lebenserfahrung.

Loslassen von Überzeugungen

Unsere Wahrheiten sind keine Wahrheiten, sondern wir halten sie lediglich dafür. Sie sind das Ergebnis unserer Konditionierungen. Es geht nicht darum, unsere Überzeugungen „wegzuwerfen". Aber wir sollten sie immer wieder hinterfragen und ggf. durch eine andere „Wahrheit" ersetzen.

Es gibt viele Schulen, in denen man das Reden lernen kann. Noch wichtiger jedoch wäre, das Zuhören zu lernen. Voraussetzung für das Zuhören ist, das eigene Selbstbild loszulassen. Sobald etwas in unseren Ansichten und Meinungen „NORMAL" zu werden droht, sollten wir es in Frage stellen. Normalität ist Stillstand. Starre blockiert und macht krank. Wichtig ist die Frage: Wo ist Raum für kreative Neuerungen.

Techniken des Loslassens

Wenn uns das Loslassen schwer fällt, haben wir das Objekt des Loslassens vorher geliebt oder gehasst, sonst gäbe es das Problem nicht. Wäre es uns ziemlich gleichgültig, würde es uns nicht berühren. Wenn etwas „zu uns gehörig" angesehen wird, wollen wir es festhalten. Das gilt auch für Verletzungen, Hass, Wut, Trauer – also auch die Gegenpole einer angenehmen Sache.

Der erste Schritt vor dem Loslassen ist immer Dankbarkeit. Dank für das Erhaltene. Danke liegt auf der Gegenseite des Egos, das immer festhalten und nicht hergeben will. Das EGO kennt auch keine Demut.

Ich habe etwas erhalten, ohne dass es auch kein HERGEBEN und Loslassen gibt. Aber wie kann man Dankbarkeit empfinden für etwas, das man vorher gehasst hat?

Nach karmischer Auffassung ist es kein Zufall, dass mir Dinge präsentiert werden, die meine Gedanken, meine Lebenshaltung, meine Handlungen negativ beeinflussen.

In allen diesen Begebenheiten steckt der Lernstoff für meine Seele. Wenn dieses Lernprogramm besonders stark und schmerzhaft ist, muss es zwischen mir und dem Thema eine besonders enge Verbindung geben. Ich bekomme das Leben in seiner Polarität präsentiert, worauf ich „VON ALLEINE" nicht gekommen wäre!

Schauen Sie sich das „Konto" an, welche Polaritäten treten dort zu Tage und werden ihnen gespiegelt?

Schritte des Loslassens

1.   Annehmen der Situation als Lernaufgabe

(Welche Themen wurden mir gespiegelt, was habe ich vermutlich bis dahin verdrängt/Schatten, den ich nicht anschauen wollte)

2.   Dankbar sein für das, was einem als „LERN-STÜCK" gegeben wurde.

3.   Neutralisierung der Gefühle, anschauen des Gegenpols, schließen der Konten.

4.   Den inneren Frieden finden, wieder in den Fluss kommen.

Im Leben enttäuscht werden bedeutet, dass ich in einer Täuschung gelebt habe, und nun wird die Täuschung aufgeklärt … ich sehe endlich wieder KLAR!!! Schon das allein ist ein Grund für Dankbarkeit.

Ich kann dann für die Erfahrung danken, die ich machen durfte. Das Gefühl des Dankens neutralisiert die Hassgefühle und erleichtert das Loslassen.

Das gilt auch für den Abschied von Verstorbenen. Wenn wir sie nicht loslassen, halten wir sie auf der materiellen, irdischen Ebene fest. Wir hindern sie daran, auf jene Ebene zu gehen, auf der sie zu HAUSE sind: Die Dimension der Verstorbenen!

Psychosomatische Erscheinungsbilder

zum Thema Loslassen

Niemand ist zufällig krank oder gesund, wenn das Immunsystem versagt. Niemand hat zufällig diese oder jene Krankheit. Es gibt nur das unbestechliche Gesetz von Ursache und Wirkung. Aber die meisten Menschen mögen den Gedanken nicht, Verursacher von unbequemen Tatsachen zu sein. Das appelliert an die Eigenverantwortung.

Wenn etwas außerhalb von mir liegt, kann ich doch einfach andere Umstände dafür verantwortlich machen. In unserer Gesellschaft gilt Krankheit als Schicksal, und das verdient Mitgefühl und Hilfe. Was aber ist bei Krankheit wirkliche Hilfe? Hilfe zur Selbsthilfe! Die Erkenntnis, welche Anteile ICH an meiner Situation habe, und wie ich die krankmachenden Umstände verändern kann.

Gib einem Hungernden einen Fisch und er hat einen Tag zu essen. Gib ihm sieben Fische und er hat sieben Tage keinen Hunger. Lehre den Hungernden zu fischen, und er hat nie wieder Hunger.

Wir müssen unsere innere Uhr neu justieren, damit sich nicht die selbsterfüllenden Prophezeiungen unserer Glaubenssätze bestätigen. Denke anders.

Das, was auf der geistigen Ebene programmiert wird, wird sich auf der Ebene der körperlichen Materie umsetzen. Geist formt Materie. Und auf diese Weise sehen wir, „wes Geistes Kind wir sind". Der Körper ist die Frucht unserer geistig-seelischen Haltung.

Übergewichtige füllen ihre innere Leere mit Nahrung. Erst die Fülle gibt dann das Ich-Gefühl. Erst die Fülle verleiht dem Menschen Gewicht. Ein Asthmatiker kann nichts abgeben, er behält alles für sich, selbst den Atem. Atmen ist das Thema „Nehmen und wieder loslassen". Wenn das Zellbewusstsein festhält, kann nichts ein- und ausfließen.

Asthmatiker haben ein Mangelproblem. Sie haben von allem zu wenig und haben Angst davor das, was sie haben, wieder loszulassen. Das Problem begann oft schon in der Kindheit.

Es fehlte an Urvertrauen, oft war die Zuwendung der Mutterliebe Mangelware. Oft sind Asthmatiker Sammler. Hier können sie dann unbewusst empfundenen Mangel ausgleichen.

Schlafstörungen sind häufig ein Loslass-Problem. Solange wir etwas „wollen" (schlafen wollen), halten wir uns auf der Wachebene fest. Erst wenn wir die Kontrolle aufgeben, haben wir Ur-Vertrauen. Schlafen bedingt das völlige Fallenlassen, die völlige Aufgabe der bewussten Kontrolle.

Es sind nicht die Sorgen und die Gedanken, die den Menschen nicht loslassen. Es ist vielmehr der Mensch, der die Gedanken und Sorgen nicht loslässt. Entscheidend also ist die Frage: Wer hat hier eigentlich wen im Griff.

Gerade wenn man unfreiwillig oder unter Schmerzen loslässt, bleiben viele offene Wunden und Konflikte zurück. Gegen diese Wunden kann ich folgendes Buch empfehlen: Jean Monbourquette, Vergeben lernen in zwölf Schritten (Bestellung über Amazon möglich).

Generell gilt: Wer sich verändern möchte, schlägt sich sowohl mit unseren evolutionär tief verwurzelten Bindungs-Wünschen herum als auch mit den mehr oder weniger ausgeprägten Widerständen des Gehirns. Allerdings bremst das nicht alle gleichermaßen.

Eine Minderheit von rund 20 Prozent der Menschen hat genetisch bedingt mehr Spaß am Neuen. Forscher nennen sie "Sensation seakers" - das heißt, sie suchen Aufregung und sind auf den besonderen Kick aus.

Extremere Exemplare dieses Typus finden ihn in Glücksspielen und riskanten Sportarten, eine mildere Form dieser

Genvariante treibt Menschen an, die von anderen als offen und neugierig wahrgenommen werden und viel wissen wollen.

Der 80-Prozent-Mehrheit der Menschen ist der Wunsch nach Routine, Verlässlichkeit und Ritualen deutlich ausgeprägter in die Wiege gelegt. Sie halten oft selbst dann noch stur an einer vertrauten Umgebung fest, wenn es ihnen dort ziemlich schlecht geht.

Sowohl die Angst vor dem Unbekannten als auch die vor möglichen Verlusten hat schließlich eine Berechtigung. Denn wer weiß, ob es wirklich besser wird?

Vor allem Menschen, die in der Kindheit viel Zurückweisung erlebt haben, werden nach den Ergebnissen der Bindungsforschung tendenziell zu **Vermeidern** Sie haben gelernt, ihre Angst sowie ihr Wein- und Anlehnungs-Bedürfnis zu unterdrücken und so zu tun, als brauchten sie nicht so viel Nähe - um die Großen, auf die sie angewiesen waren, bei Laune zu halten und nicht immer wieder Körbe zu kassieren.

Die größten Probleme mit dem Loslassen hat gemeinhin eine dritte Gruppe: Menschen, die ein sogenanntes unsicher-ambivalentes Bindungsverhalten gelernt haben. Deren frühe Beschützer schwankten zwischen Zuwendung und Zurückweisung, Gehenlassen und sorgenvollem Festhalten. Mit der Folge: Die Umgebung ist mehr oder weniger unberechenbar, der Nachwuchs steht ständig auf wackeligem Boden. Er klammert sich dadurch besonders

42

panisch an und ist kaum zu beruhigen, wenn Mama mal weg muss. Später reagieren diese seelisch Durchgerüttelten mit Angst vor Veränderungen, neigen dazu, sich in ihren Beziehungen zu verstricken, brauchen meist erst einen neuen Partner oder einen neuen Job, bevor sie sich von einem alten freiwillig lösen können.

Beim Loslassen, darin sind sich die Psychoexperten einig, können folgende Fragen behilflich sein: Was ist mir wirklich wichtig?

Was ist das für ein Ziel, das ich verfolge? Und: Wenn ich immerzu nicht in die Puschen komme - kann es auch daran liegen, dass es sich um die falschen Puschen handelt?

Psychologen beschäftigen sich mit diesem Blick auf die Ziele - und damit, wie wir uns auch wieder von ihnen lösen können. "Die Bindung an eine Vision gibt dem Leben Halt, Sinn und Struktur", sagt Veronika Brandstätter-Morawietz, Professorin für Motivations-Psychologie an der Universität Zürich.

Manches Entwicklungsziel, das wir verfolgen, ist obendrein gar nicht unser eigenes: Wir verdanken es dem Vorbild von Mama, Papa, Patentante oder Lehrer und deren Zufriedenheit mit unserer Leistung.

In solchen Fällen rackert sich der Mensch fleißig ab, setzt sich unter ständigen Veränderungsdruck und tut Dinge, die zwar andere glücklich machen, die er selbst jedoch nur mit permanentem „Zähne-zusammen-beißen" aufrecht-erhalten kann.

Mit solchen überfordernden Zielen, die nicht mit unseren Bedürfnissen übereinstimmen, geraten wir in Konflikte.

Wie gut auch immer wir uns vorbereiten: Abschied und Neubeginn ist ohne innere Unruhe nicht zu haben. Oder, wie es der amerikanische Motivationspsychologe Eric Klinger ausdrückt: Das Ablösen von Zielen, das Loslassen von Wichtigem kommt einem psychischem Erdbeben gleich. Den großen Schatz, den es womöglich zutage fördert, können wir erst erkennen, wenn sich die dabei aufgewirbelte Staubwolke wieder gelegt hat.

So lernt der Mensch

Das Gehirn des Menschen wiegt ca.1,4 Kilogramm, macht etwa 2 Prozent des Körpergewichts aus und verbraucht trotzdem mehr als 20 Prozent der Energie des gesamten Körpers. Es besteht im Wesentlichen aus Nervenzellen (Neuronen) sowie aus Faserverbindungen zwischen den Neuronen.

Die einzelnen Nervenzellen sind durch Synapsen vielfältig miteinander verbunden. Der Hauptfortsatz einer Nervenzelle kann im Extremfall bis zu einem Meter lang werden. Die Übertragung eines Nervenimpulses von einem Neuron zum anderen geschieht an einer Synapse und je nach Stärke der Übertragung kann der gleiche Input das eine Neuron anregen, das andere jedoch nicht.

Die etwa 20 Milliarden Neuronen des Großhirns bilden ein unüberschaubares Netzwerk, das alles Denken, Lernen, Fühlen und Handeln hervorbringt.

Wie und wofür ein Heranwachsender sein Gehirn nutzt, ist entscheidend dafür, welche Verschaltungen zwischen den Milliarden Nervenzellen besonders gut gebahnt und stabilisiert und welche nur unzureichend entwickelt und ausgeformt werden. Und sie entscheiden über das Hirn-Potenzial als Erwachsener. Um diese Verschaltungen ausbilden zu können, müssen Kinder möglichst viele und möglichst unterschiedliche eigene Erfahrungen machen. Damit es ihnen gelingt, sich im Wirrwarr von Anforderungen, Angeboten und Erwartungen zurechtzufinden, brauchen sie Orientierungshilfen, also äußere Vorbilder und innere Leitbilder, die ihnen Halt bieten und an denen sie ihre Entscheidungen ausrichten.

Bis zum sechsten Lebensjahr ist die Anzahl der Nervenzellkontakte so groß wie niemals wieder im späteren Leben. Danach verkümmern all jene Kontakte, die nicht benutzt wurden. Jedes einzelne Erlebnis wird dabei im Hirn nicht nur gespeichert, sondern auch miteinander verbunden.

Bildung kann dort nur bedingt gelingen, wo Kinder in einer Welt aufwachsen, in der die Aneignung von Wissen und Bildung keinen Wert besitzt (Spaßgesellschaft), sie keine Gelegenheit bekommen, sich aktiv an der Gestaltung der Welt zu beteiligen (passiver Medienkonsum) oder mit Reizen überflutet, verunsichert und verängstigt werden (Überforderung).

Die Hirnforscher haben darüber hinaus nachgewiesen, dass sichere emotionale Bindungsbeziehungen eine wesentliche Voraussetzung für eine optimale Hirnentwicklung sind. Störungen dieser emotionalen Beziehungen stellen eine kaum lösbare Belastung dar und haben destabilisierende Einflüsse bei den neuronalen Verschaltungen.

Die Großhirnrinde (Kortex) erweist sich dabei als einzigartig anpassungsfähige und sich zugleich beständig selbst optimierende Struktur. Im Laufe der menschlichen Entwicklung öffnen sich neuronale Fenster quasi explosionsartig und in noch viel stärkerem Maß als bisher angenommen, wird die Entwicklung des menschlichen Gehirns durch nutzungsbedingte „Bahnungs- und Strukturierungsprozesse" bestimmt.

Wenn bestimmte Funktionen nicht rechtzeitig eingeprägt werden, lassen sie sich kaum mehr nachholen oder nur sehr unvollkommen ausbilden.

Inzwischen belegt die Kognitionsforschung recht eindeutig, dass Lernen am allerbesten am Beispiel, an strukturellen Inputs gelingt und nicht durch Instruktion oder predigen. Nur durch Vorbilder und kreatives Handeln wird sich im Laufe der Zeit ein Schatz an erworbener allgemeiner Erfahrung ansammeln, der es den Schülern erlaubt, sich in einer immer komplizierteren Welt zurechtzufinden.

Wir lernen nur etwas dadurch, dass wir es „tun", immer wieder, in den unterschiedlichsten Kontexten und mit den verschiedensten Menschen. Bloßes Zuschauen oder Zuhören genügt nicht: Wir müssen schon in einen aktiven Dialog mit der Umwelt eintreten, wenn wir lernen wollen.

Immer wieder ähnliche Erfahrungen sorgen für eine Vertiefung der Spuren. Diese tieferen Spuren wiederum sind gewissermaßen Wegbereiter für neue eintreffende Impulse. Unser Gehirn ist kein DVD-Rekorder. Es wird nicht alles 1:1 abgespeichert. Beim Verarbeiten der Impulse findet bereits ein Bewerten und Strukturieren statt. Das Gehirn zieht aus den Impulsen das Regelhafte heraus. Es sucht nach Mustern und inneren Ordnungen. An der Sprachentwicklung wird dies deutlich. Wir lernen die Sprache nicht, in dem wir ein großes Wörterbuch in unserem Kopf anlegen. Die Grammatik und die Struktur einer Sprache werden beim Wahrnehmen aufgenommen und gelernt.

Das Gehirn KANN nicht nur lernen, es WILL auch lernen! Auf ganz basaler Ebene ist Lernen eine unvermeidbare Folge von Wahrnehmung. Auf höherer kognitiver Ebene ist es eingebunden in einen Prozess, der viel mit Freude zu tun hat.

Motivation ist jedenfalls das prägende Stichwort, oder besser noch: RELEVANZ! Was dem Gehirn wichtig ist, saugt es auf. Entscheidend sind also die Präferenzen des Hirnbesitzers, und die werden wiederum – auch das eine Erkenntnis der Hirnforschung – im limbischen System verhandelt. Dort wird das Gütesiegel „wichtig" vergeben, dort wird Lernen zu einer beglückenden Erfahrung. Dass natürlich auch Strafe vermieden werden soll, ist eine wichtige Differenzierung, und auch sie läuft unter Motivation.

Nicht zu vergessen die Vorbildfunktion und Belohnung. Vielleicht sind diese Faktoren noch wichtiger als der eigentliche Stoff, denn soziales Lernen ist eine der wichtigsten Säulen auch im schulischen Lernprozess.

Es gibt dopaminerge Zellen im Gehirn, für die ist der Lernerfolg prägend. Sie sind permanent beschäftigt mit einem Abgleich von Soll und Ist und haben auf ihre Art tatsächlich Erwartungen. Dabei sollte der Lehrer ein klares Ziel definieren und einen Anreiz, eine Belohnung in Aussicht stellen. Allerdings sind auch dopaminerge Neurone Gewohnheitstiere – sie habituieren, d.h. sie „langweilen" sich bei der immer gleichen Belohnung. Mit wechselnden Erfolgserlebnissen werden diese Zellen immer wieder neu angesprochen und vergrößern so den Lernerfolg.

Tödlich für alles, was in der Schule und im Leben gelernt wurde, ist die Dauer-Daddelei vor dem Computer. Die Suche nach Ursachen führt reflexhaft zur Suche nach Schuldigen.

Wer sich mit Lehrern unterhält, erfährt, dass es an den Schülern liegt: Die würden sich für nichts mehr begeistern außer Facebook, Ballerspielen und lackierten Fingernägeln – je nach Geschlecht. Kaum zu motivieren seien sie, an Ausbildung nur peripher interessiert. Dass viele Lehrer so über ihre Schüler denken, ist schlimm – vor allem, wenn man bedenkt, wer Lehrer wird: Menschen mit Motivation und Mission.

Von Schulpsychologen ist zu erfahren, dass der schulpsychologische Dienst in Niedersachsen und anderen Bundesländern abgeschafft wurde. Doch auch wo er noch existiert, ist er personell ausgedünnt und beantwortet sehr spezifische Probleme mit Standardmails.

All das findet statt in einem politisch ... sagen wir: nicht ganz einfachen Schulsystem. Jedes Bundesland und jede Partei hat eigene, oft auch nur temporäre Vorstellungen und Ziele, die von allen Beteiligten ein Höchstmaß an Flexibilität verlangen: Blockunterricht, Gesamtschule – die Liste der pädagogischen Moden ist lang und nicht jede auf Dauer sinnvoll.

Der Bogen von den Neurowissenschaften zu einer wertebewussten Erziehung und Bildungspolitik lässt sich zusammenfassend folgendermaßen spannen:

Unter Lernen verstehen wir die Fähigkeit des Gehirns, Erlebtes und Wahrgenommenes in Form von neuronalen Bahnen und Netzwerken abzubilden. Es passt sich dabei immer wieder an, Spuren verändern sich, können vertieft werden, oder auch sich zurückbilden. Diese neuronalen Spuren gelten für die motorische oder sprachliche Entwicklung gleichermaßen wie für die zunächst abstrakte Welt der Normen und Werte. Kinder brauchen also das direkte Erleben von Werten, das Handeln und die Auseinandersetzung mit Werten zur Verfestigung. Am Nachhaltigsten gelernt wird aber immer noch durch das Leben.

Klammern an Gewohnheiten

Wir müssen uns noch ein Weilchen den Gewohnheiten widmen, denn sie haben Einfluss auf alle Lebensbereiche: was wir täglich tun, macht uns gesund oder krank, erfüllt oder leer, kraftvoll oder kraftlos, einsam oder verbunden, lässt uns erfolgreich werden oder immer wieder scheitern. Veränderung ist niemals eine Frage der Fähigkeit. Veränderung ist immer eine Frage der Motivation.

Die meisten Menschen sind geübt darin, Veränderung zu vermeiden. Körpereigene Opioide lassen denjenigen sich wohlfühlen, der tut, was er kennt. Dennoch: Gewohnheiten sind nicht unser Schicksal - eingeschliffene Verhaltensweisen können umprogrammiert werden.

Fast jeden Tag aufs Neue warnen Experten vor den gravierenden Folgen, die uns blühen, wenn wir jetzt nicht auf einen ökologisch verträglichen Lebensstil umschwenken. Sie appellieren an unsere Einsicht, an unseren Verstand. Und die meisten Menschen wollen sogar etwas ändern. 80 Prozent, das ergab eine Studie der Universität Magdeburg, fühlen sich bereit, zum Beispiel Energie zu sparen, viele können sich auch vorstellen, aufs Fahrrad umzusteigen. Trotzdem tut sich wenig.

Der Grund ist in der Wissenschaft längst bekannt und dutzendfach belegt: Auch wenn unser Bild vom aufgeklärten Bürger uns glauben lässt, dass unser Wille unser Handeln lenkt - es ist nicht so. Die Ratio, so die Forscher aus Neurologie, experimenteller Psychologie und Verhaltensökonomie unisono, ist nicht der Chef im Ring unseres Gehirns. Zwischen 30 und 50 Prozent unseres täglichen Handelns laufen automatisch ab. Gerade wenn es um die kleinen Dinge des Lebens geht: Wo kaufe ich ein, was esse ich, wie komme ich zur Arbeit, was ziehe ich an, welchen Waschgang nutze ich?

Im Alltag mit Appellen und Aufklärung sog. Routinen zu Leibe zu rücken, ist nahezu zwecklos. Sparpläne und Modernisierungsprogramme können noch so überzeugend sein, unser gewohntes Verhalten erreichen Argumente nicht – es entzieht sich schlicht unserem Verstand.

Um Routinen ändern zu können, muss man also zunächst verstehen, aus welchen Elementen sie sich zusammensetzen und wie Gewohnheiten funktionieren. Der Autor Charles Duhigg ("The Power of Habit") hat das einmal so zusammengefasst: Eine Gewohnheit – ob gut oder schlecht – besteht aus drei Bestandteilen:

Lust: Warum Sie überhaupt zur Zigarette greifen

Routine: Kippe nach dem Aufwachen, nach dem Mittagessen, ...

Belohnung: Sie fühlen sich entspannt und genießen.

Dabei stellen Lust und Belohnung die stärksten Fesseln dar. Sehr ängstliche Menschen, sogenannte Vermeider, scheuen sich vor neuen Handlungsmustern und ihren Risiken. Sie haben oft eine pessimistische Grundhaltung: „Das kann ja gar nicht klappen!" „Es wird bestimmt noch schlimmer werden!" Solche Einstellungen sind hemmend.

Ängstlich zu sein, ist Teil der Persönlichkeit und generell nichts Schlechtes. Zu einem Problem wird die Angst aber dann, wenn sie lähmend wirkt, handlungsunfähig macht.

Auf einem guten Weg ist, wer zu der Überzeugung kommt: „Ich habe Angst vor diesem Schritt, werde ihn aber trotzdem wagen!"

"Das Gehirn strebt danach, so viel wie möglich zu routinisieren", sagt Gerhard Roth, Hirnforscher an der Universität Bremen. "Gewohnheiten sind sowohl stoffwechsel-biologisch als auch neuronal billig." Das schafft freie Kapazitäten um zu planen, zu diskutieren, um Häuser oder Raketen zu bauen. Nur unterscheidet das Gehirn bei der Automatisierung nicht zwischen guten und schlechten Gewohnheiten. Es belohnt schlicht und einfach immer dann, wenn der Mensch sich verhält wie immer. Darum verselbständigt sich das Zähneputzen genauso wie das Kauen der Fingernägel oder das Shoppen auf dem Heimweg.

Unser Charakter besteht im Wesentlichen aus unseren Gewohnheiten.

Eine Lebensregel lautet: "Säe einen Gedanken und ernte eine Tat; säe eine Tat und ernte eine Gewohnheit; säe eine Gewohnheit und ernte einen Charakter; säe einen Charakter und ernte ein Schicksal."

Der Mensch ist ein Gewohnheitstier. Dieser Spruch begleitet uns, solange wir leben. Ein Großteil unseres Verhaltens läuft unbewusst ab, wird gesteuert durch Gewohnheiten, Rituale und Routinen. Der Weg ins Büro ist immer derselbe, ebenso der erste Griff zum Kaffee. Es sind diese gefestigten Automatismen, die uns das Leben einerseits erleichtern, weil sie unseren Denkapparat nicht unnötig belasten. Sie können unseren Alltag aber auch schwer machen – vor allem, wenn wir inzwischen lästige Gewohnheiten ändern wollen. Wie es dennoch gelingt? Lesen Sie die nachfolgenden Informationen.

In der Bibel steht dazu im Römer 12,2: "Deshalb orientiert euch nicht am Verhalten und an den Gewohnheiten dieser Welt, sondern lasst euch von Gott durch Veränderung eurer Denkweise in neue Menschen verwandeln. Dann werdet ihr wissen, was Gott von euch will: Es ist das, was gut ist und ihn freut und seinem Willen vollkommen entspricht."

Sind Menschen in ihren täglichen Abläufen geistig kaum gefordert, nimmt die Leistungsfähigkeit ihres Gehirns ab. Darauf weist Siegfried Lehrl hin, Präsident der Gesellschaft für Gehirntraining.

Zum Beispiel bauen schon 25-jährige Hilfsarbeiter, die bereits alles gelernt haben, geistig schnell ab. Eine andere Studie hat sich mit Patienten befasst, die zur Beobachtung in Krankenhäusern sind. Bei ihnen hat man eine starke Intelligenzabnahme beobachtet – nach einer Woche um fünf IQ-Punkte, nach drei Wochen schon um 20. „Routine ist Feind der geistigen Entwicklung", sagt Lehrl.

Ein typisches Anzeichen für Veränderungsbedarf ist die Unzufriedenheit: Wer jeden Morgen lustlos zur Arbeit geht, sich ständig über die winzige Wohnung ärgert oder die Treffen mit alten Schulfreunden langweilig findet, sollte die Gründe seiner Unzufriedenheit hinterfragen. Oft ist sie ein zuverlässiger Hinweis, dass das Leben neue Impulse braucht.

Ermutigend kann es sein, sich an Situationen im Leben zu erinnern, in denen man Neues gewagt hat und daran gewachsen ist: der Auszug aus dem Elternhaus, der Beginn einer Ausbildung, der erste Langstreckenflug …

Alles hat funktioniert – also wird auch die nächste Veränderung gelingen. Auch Gespräche mit risikofreudigen und mutigen Menschen können helfen, Bedenken über Bord zu werfen.

Mit einfachen Übungen können wir täglich unser Gehirn trainieren, erklärt Lehrl. Er empfiehlt, jeden Tag etwas für den Geist zu tun, genauso wie man morgens aufsteht oder etwas isst. Man kann sich etwa jeden Morgen einen Bericht in der Zeitung vornehmen und Wörter umkreisen, die eine bestimmte Buchstabengruppe enthalten, zum Beispiel „er".

Um eine inhaltliche Wiederholung zu vermeiden, sollten das unterschiedliche Berichte und variierende Buchstaben-Gruppen sein. Nach zehn Minuten ist das Gehirn dann voll leistungsfähig.

Eine andere Übung ist, sich einfache Wörter zu überlegen und diese im Kopf herumzudrehen. Anfangs sollten die Wörter nicht mehr als fünf Buchstaben haben. „Licht" wird dann zum Beispiel zu „Thcil". Dadurch wird der Arbeitsspeicher des Gehirns, die für uns wichtigste Größe, trainiert.

Durch die Übungen kann man Informationen schneller verarbeiten und die Merkspanne, also die Anzahl von Einzelheiten, die man gleichzeitig im Kopf behalten kann, vergrößern.

Hier sind einige erstaunliche Zahlen:

- 92% der Menschen, die jedes Jahr mit dem Rauchen aufhören wollen, scheitern.

- 95% der Menschen, die abnehmen wollen, scheitern langfristig.

- 88% der Menschen, die mit guten Vorsätzen ins neue Jahr starten, setzen sie nicht um.

- Gerade einmal 10% der Bevölkerung setzt sich überhaupt klare, messbare Ziele. Aus dieser Gruppe scheitern nur drei von zehn.

Diese alten Gewohnheiten können Sie mit einem geliebten Kleidungsstück vergleichen, welches Ihnen schon lange nicht mehr passt, aber dennoch im Kleiderschrank hängt. Dieser Automatismus hat natürlich viele Vorteile und erleichtert uns den Alltag enorm, weil wir nicht immer über jede Handlung nachdenken müssen.

95 Prozent unserer täglichen Entscheidungen erreichen unser Tages-Bewusstsein gar nicht, hat einmal der Harvard-Professor Gerald Zaltman herausgefunden. Wir stellen sie praktisch um auf Autopilot. Wenn wir alte Gewohnheiten loswerden wollen, funktioniert das am besten, indem wir sie durch neue Gewohnheiten überlagern. Dazu muss ein neues Verhalten mit dem alten Auslöser verknüpft werden und möglichst gut das gleiche Bedürfnis erfüllen, das bisher mit der alten Gewohnheit befriedigt wurde. Zum Beispiel statt Computer zu spielen, um sich nicht alleine zu fühlen, ruft jemand dann einen Freund an.

Um Routinen zu durchbrechen, braucht es Disziplin. Die aber ist abhängig von Ihrer Motivation und der Entscheidung, etwas ändern zu wollen. Warum also wollen Sie sich diese Sache abgewöhnen? Oder steckt etwas anderes dahinter? Nur wenn die Motivation stimmt, halten Sie auch durch.

Halbe Sachen ("Ich sollte mal schauen, dass ...") gelten nicht, sondern nur die bewusste Entscheidung, eine Gewohnheit zu ändern. Man muss es wirklich wollen, es gar nicht erwarten können, die Gewohnheit geändert zu haben.

Dabei sollten wir uns immer bewusst sein: Gewohnheiten sind nicht angeboren, Gewohnheiten erlernt man durch lange Übung. Das ist gleichzeitig die gute Nachricht: Was man nämlich mal gelernt hat, kann man wieder verlernen.

Aufwachen oder Untergehen

Man kennt sie aus Cartoons und Karikaturen, diese leicht verwirrten Typen, die mit einem Schild an der Straßenecke stehen und vor dem drohenden Weltuntergang warnen. Wer vom Ende der Welt spricht, gilt als Witzfigur. Die Apokalypse wurde einfach schon zu oft beschworen, um damit noch jemanden wach zu rütteln. Dabei ist es höchste Zeit aufzuwachen, denn die Welt versinkt schon lange im Chaos.

Gewiss, die heißesten Krisenherde Syrien, Jemen, Irak oder Nigeria sind weit weg. Doch auch an den Rändern Europas zerbricht die Welt langsam in Stücke. Die Brexit-Krise und die Unruhen in Frankreich und Spanien bestimmen die Schlagzeilen. Weltweit sind 60 Millionen Menschen auf der Flucht – so viel, wie nie zuvor. Immer mehr von ihnen strömen nach Europa, jedes Land agiert zunehmend isoliert, eine gemeinsame Lösung ist nicht in Sicht.

Warum wird es immer schlimmer und nicht besser? Warum hat die Menschheit nicht aus den Fehlern der Vergangenheit gelernt? Sind wir unbelehrbar und daher dem Untergang geweiht? Und wenn, wie wird dieses Ende aussehen?

Und dieser Untergang geschieht schleichend. Im Gegensatz zum Sekundentod, den der Einschlag eines Asteroiden oder Kometen aus der Zehn-Kilometer-Klasse der Menschheit bereiten würde. Ein solches Projektil fegte höchstwahrscheinlich vor 65 Millionen Jahren die Saurier von der Erde. Zwar dürften viele Menschen den unmittelbaren Einschlag überleben, dennoch würden die Staubpartikel monatelang in der Atmosphäre verbleiben und einen Großteil des Sonnenlichts absorbieren. Der daraus resultierende „nukleare Winter" (massenhaft detonierende Kernwaffen hätten den gleichen Effekt) ließe die Erdtemperatur drastisch sinken, Landwirtschaft wäre unter diesen Bedingungen nicht mehr möglich.

Aber auch ohne solche globalen Katastrophen ist der blaue Planet in einem bemitleidenswerten Zustand. „Kollaps-Stimmung" wohin das Auge reicht.

Die Erde ist nur noch zu 10 Prozent von ehemals 50 Prozent mit unberührten Wäldern bedeckt, rund 60 Prozent der Ökosysteme sind weltweit geschädigt. Zu diesem Fazit kam die Weltökosystemstudie „Millennium Ecosystem Assessment" (MEA) bereits im Jahr 2005. Obwohl die rasante Abholzung der tropischen Regenwälder in den letzten Jahren zurückgegangen ist, werden weiterhin große Flächen vernichtet. Seriöse Schätzungen besagen, dass Tag für Tag 70 Arten aussterben, womit die Menschheit diesen Prozess in den letzten 10 Jahren um das 100-fache beschleunigt hat. Neun Prozent der Baumarten sind von der Ausrottung bedroht.

Die Weltbevölkerung wächst pro Tag um 220.000 Menschen – das sind mindestens 9.000 weitere Menschen jede Stunde. Aber alle drei Sekunden stirbt ein Mensch an den Folgen von Hunger und Unterernährung. Insgesamt leiden 900 Millionen Menschen an Hunger. Dagegen gehen jährlich 1,3 Milliarden Tonnen Lebensmittel verloren oder werden entsorgt – das ist ein Drittel der Weltjahresproduktion. Während viele Menschen nicht wissen, wie sie ihre Kinder vor dem Verhungern retten sollen, wandert anderswo tonnenweise Nahrung in den Müll. Es gibt für vieles Protestmärsche. Gelb-Westen in Frankreich, jugendliche Klima-Aktivisten in London und Brüssel, Occupay, Acampada und Me-Too-Bewegungen. Das weltweite Sterben aber durch Hunger und Unterdrückung umgibt peinliches Schweigen.

Nur 0,24 Prozent des Bruttoinlandsprodukts der reichen Länder würden genügen, um den Hunger weltweit auszumerzen. Deutschland, das wirtschaftlich stärkste Land in Europa, gibt nur ganze 0,4 Prozent vom Bruttoinlandsprodukt für Entwicklungshilfe aus.

Doch die Überflussgesellschaft in einem Teil der Welt führt nicht nur zu Hungersnöten im anderen: Daneben verbraucht und verschmutzt die industrielle Landwirtschaft enorme Wassermengen, beschädigt Flora und Fauna durch Abholzung, lässt unfruchtbare Böden zurück und erzeugt landwirtschaftliche Monokulturen zur Energie-Gewinnung durch Soja und Biomasse. Allein 250 Mrd. Kubikmeter Wasser werden jährlich für „wasted food" (verschwendetes Essen) verbraucht, laut FAO etwa so viel, wie in einem Jahr die Wolga hinunterfließt.

Müssen wir erst zusammenbrechen, um aufzubrechen? Und lernen wir – als Gesellschaft – nur aus Natur- oder technologischen Katastrophen?

„Es ist kein Zeichen geistiger Gesundheit, gut angepasst zu sein an eine kranke Gesellschaft", sagte Jiddu Krishnamurti. Und der Sozialwissenschaftler Rainer Spallek fügt hinzu: Es könnte durchaus heilsam sein, nach einem unangepassten, eigenen Weg Ausschau zu halten, nach einem lebendigen, mineralienreichen Seitenstrom jenseits eines alles zermalmenden, schmutzig-grauen Mainstreams.

Es könnte heilsam sein, aufzubrechen und sich vertrauensvoll auf das Abenteuer Leben einzulassen. Fortschritt ...kommt von „fort schreiten" ... von mir selbst fort ... wohin? Kein Ziel, kein Sinn erkennbar. In unserer gegenwärtigen Gesellschaft herrscht ein tiefer Sinngebungsgeiz und Allmachts-Fantasien: Mensch – wache endlich auf!

Skepsis ist angesagt, wohin wir schauen. Keine der Vorhersagen der „Klima-Forschung" aus den vergangenen Jahren und Jahrzehnten aus diversen Publikationen traf bis heute zu. Das gezeichnete Schreckensszenario vom steigenden und alles überschwemmenden Meeresspiegel, vom Ende des Winters in unseren Breiten und eines alljährlich immer schlimmeren, erbarmungslosen Wüstensommers blieb vollständig aus. Stattdessen stag-
62

nieren die Temperaturen seit 18 Jahren, wofür die „Wissenschaftler" keine wirkliche Erklärung haben. Immerhin erkannten sie diese Entwicklung rechtzeitig und stellten ihre Propaganda von „Klimaerwärmung" auf „Klimawandel" um. Wir gehen später noch präziser darauf ein.

Aber auch die vermeintlich seriöse Wissenschaft ist durchtrieben von Gier nach Macht, Ruhm und Geld und einem dementsprechend korrupten und skrupellosen Verhalten.

Neue Krankheitsbilder und passende Behandlungen würden erfunden, schreibt Le Monde diplomatique. Die Pharmaindustrie sei heute von drei Übeln befallen: Verschwendung, Lügen und Korruption. Die Pharmaindustrie gehorche seit den 1990er Jahren zunehmend der Logik des Finanzkapitalismus. Es müssten Renditeraten um 20 Prozent erfüllt werden. Im Vordergrund stehen weniger die Patienten und ihre Gesundung, sondern das profitable Verkaufen von Arzneimitteln.

Dazu passt die Aussage von Prof. Dr. Jürgen Fröhlich, Direktor der Abteilung für klinische Pharmakologie an der medizinischen Hochschule in Hannover: „Wir gehen davon aus, dass pro Jahr in den internistischen Abteilungen 58.000 Patienten durch unerwünschte Arzneimittel-Nebenwirkungen ums Leben kommen."

Man sollte glauben, dass dem modernen Menschen (homo sapiens sapiens: zweimal sapiens!) eigentlich unter gar keinen Umständen sein eigenes Dasein verborgen bleiben kann. Und doch scheint dies der modernen, flüchtigen Gesellschaft vorzüglich zu gelingen.

Solange wir unser Ende verdrängen, werden wir uns endlos mit ziemlich belanglosen Dingen beschäftigen. Tod und Leben sind zwei Seiten derselben Medaille: Verdrängen wir das eine, so verdrängen wir auch das andere.

Und was hält der Mensch nicht alles aus, bevor körperliches und seelisches Leid womöglich der ungebremsten Zerstörungslust ein Ende bereiten. Mehr denn je sind eigene Urteilsfindung und das Durchschauen der etablierten Systeme gefragt. Neuorientierung ist angesagt, und dabei sind Wissen und Wahrhaftigkeit die wichtigsten Begleiter.

Weltweit finden viele Veränderungen statt und die gesamte Menschheit befindet sich mit der Erde zusammen im Umbruch. Dies ist nicht nur im Äußeren durch unzählige (Natur) Katastrophen sichtbar. Auch immer mehr Menschen spüren intuitiv, dass gewohnte Denkmuster und begrenzte Sichtweisen des Lebens immer weniger funktionieren. Ist unser gesamtes System erkrankt? Oder weht bloß ein neuer Geist durch uns, der alles innerlich und äußerlich neu ausrichtet und der jeden einzelnen Menschen auffordert, sich seiner SELBST bewusster zu werden?

„Der Mensch braucht Stille-aber der Fortschritt gab ihm Lärm. Der Mensch braucht Güte - aber der Fortschritt

brachte Konkurrenz. Der Mensch braucht Gott - aber der
Fortschritt gab ihm Geld." (Phil Bosmans)

Der ungeliebte Schatten

In der Psychologie C. G. Jungs ist der Schatten die Kehrseite unserer „Persona". Die Persona ist der Teil von uns, welcher der Außenwelt zugekehrt ist. Eine gesellschaftliche Maske, die all unsere kleinen Makel und Unvollkommenheiten verbergen soll. Während die Persona unsere „lichten" Persönlichkeitsaspekte verkörpert, repräsentiert der Schatten unsere dunkle, das heißt – noch nicht vom Licht des Bewusstseins erfasste – Seite. Jung sagt, dass alles Unbewusste projiziert wird. Was wir bei uns selbst nicht wahrnehmen können, fällt uns umso mehr bei anderen auf.

Jeder kennt z. B. Situationen, in denen Eltern ihre Kinder mit den Worten: „Schrei nicht so herum!" anbrüllen. Alle Außenstehenden merken dann sofort, wie widersprüchlich das Verhalten der Eltern ist. Nur sie selbst scheinen blind dafür zu sein. Jung hat in diesem Zusammenhang den Satz geprägt: „Ich will lieber vollständig sein, als vollkommen." Als Potenzial ist jede Eigenschaft in uns angelegt, auch wenn wir nur einen Teil davon leben. Nach dem holografischen Modell ist alles, was wir in der Welt wahrnehmen, als Möglichkeit in uns angelegt.

Unser Schatten ist – mit anderen Worten – der Aspekt dieser unendlichen latenten Möglichkeiten, mit dem wir nichts zu tun haben und dessen potenzielle Existenz wir bei uns nicht gelten lassen wollen. Er hindert uns daran, wirklich frei zu sein. Natürlich geht es nicht darum, bestimmte Schatteneigenschaften auch direkt im täglichen Leben auszuleben. Nur weil jemand den „Faulpelz" in sich als Aspekt seines Selbst annehmen kann, wird er nicht am nächsten Tag seine Arbeit kündigen. Es geht darum, ein inneres Potenzial zu erschließen und die eigenen Wahlmöglichkeiten zu erhöhen. Jemand der nie faul sein darf, wird auch in seiner Freizeit ständig unter Strom stehen.

Hat er jedoch seinen „inneren Faulpelz" angenommen, wird er in der Lage sein, im richtigen Kontext auch mal zu entspannen und so zu einer ausgeglichenen Work-Life-Balance kommen. Solange wir unsere Schattenaspekte von uns abspalten, werden wir nie ganz sein und nie unser vollständiges Potenzial entfalten. Dies wird sich zwangsläufig auch in unseren Lebensumständen widerspiegeln. Authentisches Persönlichkeitswachstum geht daher, soll es in die Tiefe reichen und dauerhaft sein, immer über den Weg der Integration unserer abgespaltenen Schattenanteile.

Wenn wir uns unserem Schatten nicht stellen, ihn uns also nicht bewusst machen, so übernimmt das unsere Umwelt für uns. Bleiben wir bei unserem Beispiel des beruflich so erfolgreichen jungen Mannes, der den Verlierer in sich verdrängt. Er wird es mit hoher Wahrscheinlichkeit „im Außen" erleben, dass er „Verlierer" magisch anzieht Er wird vielleicht Mitarbeiter haben, welche die ihnen gestellten Aufgaben regelmäßig nicht zu seiner Zufriedenheit erledigen, sodass er am Ende doch wieder alles selbst machen muss.

Auch er selbst wird früher oder später Situationen in seinem Leben erfahren, in denen er der „Verlierer" ist. Auf diese Weise wird er mit der gesamten Härte seines Schattens konfrontiert. Wir können unserem Schatten nicht ausweichen oder ihn dauerhaft ignorieren.

Energie kann sich bekanntlich nicht auflösen, sondern nur ihre Form ändern. Nichts geht verloren in diesem Universum. Das ist keine esoterische Theorie, sondern Physik. Da alles Unbewusste nach außen projiziert wird und damit in der äußeren Welt in Erscheinung tritt (und sei es nur durch unsere verzerrte Wahrnehmung), spiegeln uns unsere Lebenserfahrungen wider, was wir nicht bewusst ansehen wollen. Wenn wir unseren Schatten ins Licht des Bewusstseins heben und in unser Selbst integrieren, muss er nicht mehr durch unsere Umwelt gespiegelt werden. Wir nehmen dann sozusagen die psychische Energie dahinter weg – wir ziehen den Stecker aus der Dose.

Dies ist der Moment, in dem viele Menschen feststellen, dass „ein Knoten gelöst" und ihr Leben wieder zu fließen beginnt. Diese Schatten-Integration ist ein Teil dessen, was C. G. Jung den „Individuationsprozess" genannt hat, was übersetzt so viel wie „Selbstwerdung" bedeutet. Wir erkennen, dass wir weder unsere Persona, unser Ich noch unser Schatten sind. All dies sind Bestandteile eines großen Ganzen. Wenn man sich selbst auf die Suche nach verdrängten Schattenanteilen machen möchte, ist sicher die „Rücknahme der Projektionen" die am besten geeignete Methode. Dies wird insbesondere dann deutlich, wenn mich das Verhalten anderer Menschen auf die Palme bringt. Doch wir projizieren auch unsere verdrängten Stärken auf unsere Umwelt. Wir machen andere zu Stars oder Idolen, weil sie jene Eigenschaften repräsentieren, denen wir aus falscher Bescheidenheit abgeschworen haben. Alles was uns Angst macht, also auch Stärke und Macht der anderen, sinkt in den Schatten.

Allein die Tatsache, dass wir ständig werten und zwischen "angenehm" und "unangenehm" differenzieren, macht deutlich, dass wir noch längst nicht alles in uns für unseren Seelenfrieden integriert haben.

Wie können Sie diesen „unangenehmen Anteil" akzeptieren und integrieren? Indem Sie das Geschenk darin finden. Laut C.G. Jung liegt das Gold im Schatten eines jeden Menschen. Jede Eigenschaft hat auch einen positiven Aspekt, eine Situation, in der Ihnen diese Eigenschaft hilfreich und sehr nützlich sein kann.

Beispiele für die Polarität von Eigenschaften:

aggressiv=kraftvoll
ängstlich=vorsichtig
berechnend=vorausblickend
blöd=unschuldig
egoistisch=selbstwürdigend

hart=durchsetzungsfähig
frech= wortgewandt

Als Kinder lernen wir schnell, für welche Eigenschaften wir nicht geliebt, vielleicht sogar bestraft oder geschlagen werden und verdrängen diese in den Schatten, also ins Unterbewusstsein. Das können übrigens auch positive Eigenschaften sein wie unbändige Freude oder kindliche Neugier, die vielleicht von der eigenen Familie abgelehnt wurden und deshalb nicht gelebt werden durften.

Indem wir die vermeintlichen Schattenanteile von unserer Persönlichkeit abspalten, entwickeln wir uns zu leisen, angepassten Menschen, die in der Gesellschaft brav ihren Platz einnehmen, dort funktionieren und manipuliert werden können. Den Preis, den wir dafür zahlen, ist mangelndes Selbstvertrauen, fehlende Lebendigkeit und eine schmerzhafte Entfremdung von unserem wahren authentischen Kern.

Zum Nachdenken:

"... Der Mensch, welcher euch bändigt und überwältiget, hat nur zwei Augen, hat nur zwei Hände, hat nur einen Leib und hat nichts anderes an sich als der geringste Mann aus der ungezählten Masse eurer Städte; alles, was er vor euch allen voraus hat, ist der Vorteil, den ihr ihm gönnet, damit er euch verderbe. Woher nimmt er so viele Augen, euch zu bewachen, wenn ihr sie ihm nicht leiht? Wieso hat er so viele Hände, euch zu schlagen, wenn er sie nicht von euch bekommt? Die Füße, mit denen er eure Städte

niedertritt, woher hat er sie, wenn es nicht eure sind? Wie
hat er irgend Gewalt über euch, wenn nicht durch euch
selber?" (Etienne de la Boite - 16.Jhd.)

Entgrenzung und Dekadenz

Was ist los in Deutschland und in der übrigen Welt? Das vergoldete Steak des Star-Fußballers Franck Ribéry war tagelang für viele Menschen ein besonders medialer Aufreger. Dabei hat das Überziehen von Lebensmitteln mit Gold Tradition in Europa. „Blattgold gab es schon immer in der kulinarischen Geschichte", sagt Fernsehkoch Sebastian Lege („Gekauft, gekocht, gewonnen"). „Gerade die Königshäuser haben sich damit ihr Essen visuell aufwerten lassen, um bei ihrem Gefolge oder Grafen oder Königskollegen Eindruck zu schinden. Um zu sagen: „Schaut doch mal her – ich trage nicht nur Gold am Körper, sondern ich esse es auch.".

Das Problem ist also offensichtlich weniger die vermeintliche Delikatesse – eher die Haltung dahinter. Es ist die gefühlte Protzerei, die Ferne zum Normalbürger, die die Öffentlichkeit ihrer politischen und sportlichen Elite besonders übel nimmt. Ist das einfach nur protzig oder erfüllen blattgoldgarnierte Steaks bereits den Tatbestand der Dekadenz?

Betrachtet man die Welt durch die Westerwelle-Brille, der zu seiner aktiven Politikerzeit im Jahre 2010 die Hartz 4-Regelung als das Symptom für die spätrömische Dekadenz unserer Gesellschaft erblickt hatte, dann mutieren bereits

Normalbürger und Sozialempfänger zu Prassern und Großgrundbesitzern.

Im Rahmen seines Feldzugs gegen die angeblich in Champagner badenden Hartz-4-Menschen hatte der Stellvertreter der Bundeskanzlerin damals die Parole ausgegeben: „Wer dem Volk Wohlstand verspricht, lädt zu spät-römischer Dekadenz ein."

Am meisten hat wohl die vermögensträchtige Wohlstands-Elite die spätrömische Dekadenz selbst befallen. Wieso sonst prangert kaum noch ein Teilnehmer dieser Gesellschaft, der Einfluss und Aufmerksamkeit hat, die wirklichen Probleme unserer Welt an? Die Gründe dafür liegen eben nicht in der Überforderung unseres Sozialstaates, sondern in der Selbstzufriedenheit, mit der die politischen und ökonomischen Eliten den offensichtlichen Ungerechtigkeiten begegnen.

Was also ist Dekadenz? Der Luxuspelz seltener Tiere, die vom Aussterben bedroht sind? Die schicke Tasche aus Schlangenleder oder Lachsleder, seltene essbare Delikatessen von Tieren, die dem Aussterben nahe sind, überhebliche Arroganz, Eitelkeit, übertriebene Karriere auf Kosten anderer, die Luxusyacht in einer unberührten Bucht, die man zumüllt, der Arzt im Dienst, der seine Privatpatienten umsorgt, während die Kassenpatienten warten? Bitte, Dekadenz kennt keine Grenzen.

Das Adjektiv „dekadent" wird in erster Linie bildungssprachlich genutzt. Im Rechtschreib-Duden tauchte es übrigens schon 1905 auf, kurz nachdem es aus dem Französischen in die deutsche Sprache übernommen worden war.

Bedeutung und Anwendung des Wortes beziehen sich in erster Linie auf den Verfall von Kultur und Sitten. Die luxuriöse Dekadenz beginnt dort, wo die Menschlichkeit endet. Man kann sich hundert Luxuslimousinen leisten, wenn man hart dafür arbeitet, aber man ist arm dran, wenn man ignorant im Designer Outfit durch die Stadt spaziert und die anderen Menschen bewusst übersieht. Vielleicht helfen sie zwischendurch anderen Leuten. Das beruhigt das Gewissen.

Dekadenz hat also nichts mit materiellem Reichtum zu tun, es ist vielmehr eine Haltung, eine Charaktersache. Man geniert sich nicht mehr, auf Kosten anderer zu leben, man gönnt sich den neuen Hosenanzug, weil die Näherinnen in Bangladesch ihn für einen Hungerlohn produzieren. Wahrlich, der schlechte Geschmack des eigenen schlechten Charakters kennt nach unten hin keine Grenzen. Vielleicht wachen wir eines Tages auf und genieren uns für den Hosenanzug, der in harter Kinderarbeit gefertigt wurde.

Natürlich, in einem gewissen Sinne bin ich selbst dekadent. Ich lebe, gemessen an der Armut in Afrika, Rumänien oder dem Sudan über meine Verhältnisse. Aber meine materielle Dekadenz hält sich in erschwinglichen Grenzen.

Ich konsumiere BIO-Ware zu normalen Preisen, nenne einen schadstoffarmen PKW mein eigen und trage Kleidung von der Stange. Ruhig mal dieselbe 4 Tage am Stück.

Neulich sah ich eine dekadente Werbung, die blieb mir glatt zwischen den vorderen Hirnlappen hängen. Da gibt jemand sein Handy dem Hund und freut sich, denn das nächste Smartphone gibt es ohnehin gratis. Wahrlich, so etwas bleibt im Kopf, denn man beginnt, darüber nachzudenken, ob wir in einer perversen Wegwerfgesellschaft leben.

Wenn ich so mein Leben betrachte, dann entkomme ich der Dekadenz nur schwer, denn ich verwüste die Umwelt schon alleine dadurch, dass ich meine Wäsche mit einem blütenweißen Waschmittel in der vollautomatischen Maschine wasche, und dies tue ich oft, vielleicht zu oft, damit nichts nach Körper und Mensch riecht. Wir produzieren Abwasser, das ist normal, nur für wenige Leute ist es dekadent. Für Aussteiger beispielsweise, denn die waschen ihre Wäsche nicht zu oft, sondern nur ausreichend genug.

Täglich sterben 20.000 Menschen an Hunger und dennoch landen 1,3 Milliarden Tonnen Nahrung auf dem Müll. Das ist für mich Dekadenz in Hochpotenz!!!

Das Potenzial zur ausreichenden Ernährung von etwas mehr als sieben Milliarden Menschen ist definitiv vorhanden, und das gleich aus mehreren Gründen.

In einigen der größten Rindermastbetriebe der Welt werden jährlich bis zu 200.000 Jungrinder mit Medikamenten, Impfstoffen, Hormonen und Kraftfutter vollgestopft, um in genormten Mastbuchten nach genau 6 Monaten zur Schlachtreife zu mutieren. Auch das ist in der heutigen Zeit nur eine „dekadente“ Randnotiz wert.

Da springt schon eine andere Zahl heftiger ins Auge: Um den Fleischkonsum der Menschheit zu gewährleisten, werden jedes Jahr schätzungsweise 60 Milliarden Tiere geschlachtet, also ca. 1.900 Stück pro Sekunde.

Die deutsche Zeitschrift „Beef“ ist auf das Thema Fleisch spezialisiert und wirbt mit dem Untertitel „Für Männer mit Geschmack“. Fleisch wird empfohlen als Nahrungsmittel, das gesund ist und stark macht. Es wird fast schon als Beweis für Männlichkeit angesehen, wenn die „Krone der Schöpfung“ ein riesiges T-Bone-Steak vertilgt.

Wir, die in einem modernen Industrieland leben und regelmäßig zu den Fleischkonsumenten zählen, dürfen voller Stolz davon ausgehen, dass mit Erreichen des fünfundsiebzigsten Lebensjahres ein jeder Bürger zwischen sechs- und siebentausend Kilo Fleisch!!! verzehrt hat (das ist das Gewicht von 11 ausgewachsenen Kühen).

Dieser Umstand sollte uns beim nächsten Steak-Konsum zumindest ein inbrünstiges „Guten Appetit“ wert sein.

Wie geht es Ihnen beim Blick auf unsere dekadente Ess-Kultur? Ob nun plausibel, wahrscheinlich oder abstrus, wir Menschen haben ein seltsames Verhältnis zur Ehrlichkeit, wenn es um Gewohnheiten geht.

Ehrlichkeit ist oft verletzend und meistens unbequem. Und wir haben recht, sie nicht zu mögen. Es ist die Lüge, die uns wärmt. Folgerichtig lügen wir immerfort und überall: fast täglich im Büro, oft auf der Party und manchmal im Bett. Wir lügen mit Worten und mit Gesten, viele auch mit Botox oder Silicon.

Und das hat seine Ursachen. Schon früh bekommen wir beigebracht, dass ökonomische Zwänge unser Leben bestimmen. Vorauseilender Gehorsam, Kopfscheren und Tabuthemen werden in Schule und Universität kultiviert und anerzogen.

Meinungsbildner haben das Sagen und ihnen ist schlichtweg zu glauben. Es beginnt bereits in der Grundschule. Ob gewollt oder zufällig, die Schule hat vor allem die Aufgabe, uns die kindliche Unschuld zu nehmen und durch eine angepasste Norm zu ersetzen. So lernen wir früh, uns fremdbestimmt zu verhalten. Wir passen uns an.

Die Menschen glauben viel leichter eine Lüge, die sie schon hundertmal gehört haben, als eine Wahrheit, die ihnen völlig neu ist. Ja, die Wahrheit ist: Wir alle lügen. Sogar mehrmals am Tag. Das Spektrum der Unwahrheiten reicht dabei von Ausreden, Notlügen, Meineiden, Prahlerei, Heuchelei, Intrigen bis hin zur faustdicken Lüge.

Nur warum lügen wir überhaupt - obwohl das Flunkern seit Menschengedenken verpönt ist, Philosophen wie Aristoteles, Augustinus oder Immanuel Kant die bewusste Täuschung als unmoralisch und verwerflich stigmatisieren und die Bibel sie gar Sünde nennt?

In den meisten Fällen sind es Selbstlügen, die manchen Menschen das Leben erträglicher machen, wobei diese Schwindeleien allmählich in die Persönlichkeit integriert werden und es zunehmend schwieriger wird, diese von einer objektiven Position aus noch als Unwahrheit zu definieren. Und: Lügen gehört zum Spiel mit der Macht.

Schon Niccolò Machiavelli gab den Potentaten 1513 auf den Weg: „Auch wird es einem Fürsten nie an guten Gründen fehlen, um seinen Wortbruch zu beschönigen. Denn die Menschen sind so einfältig und gehorchen so sehr dem Eindruck des Augenblicks, dass der, welcher sie hintergeht, stets solche findet, die sich betrügen lassen."

Überall auf der Welt geschehen Dinge, die schockieren und verunsichern. Dinge, die uns zornig machen, uns spalten oder ungläubig zurücklassen. Doch was kann man tun in einer Welt, in der die Menschen mit immer größer werdender Gleichgültigkeit auf diese Dinge reagieren? Was kann man tun, wenn Missstände fast kritiklos hingenommen werden? Was kann man tun, wenn die Bürger statt sich zu informieren und kritisch zu hinterfragen, mehr und mehr in Lethargie und Hilflosigkeit verfallen?

Die einzige Möglichkeit ist, Ihnen die Augen zu öffnen! Und das ist schwer genug.

Das Misstrauen, wem man überhaupt noch etwas glauben kann, ist weit hinein in die sogenannten bürgerlichen Schichten eingedrungen. Und das nicht völlig zu Unrecht. Zeigen die Enthüllungen des Whistleblowers Edward Snowden denn nicht, dass die Angst vor einem konspirativen Staat keineswegs nur der Paranoia irgendwelcher Spinner entspringt?

Die Welt scheint immer hinterhältiger und komplizierter zu werden. Wer hat wen beschossen - und warum? Ob auf der Krim oder in Syrien, im Krieg arbeiten alle Seiten mit Propaganda und Desinformation. Griechenland-Pleite, Flüchtlingskrise, Klimakatastrophe, Panama Papers: Wer kennt schon alle Hintergründe und die geheimen Deals der Mächtigen?

Sogenannte Verschwörungstheoretiker greifen solche Gefühle von Ohnmacht und Unsicherheit auf. Sie versprechen Klarheit und Orientierung. Und den Mut zur Wahrheit, der anderen angeblich fehlt.

Es gibt grüne, schwarze und braune Ideologien, sie alle sind zum Religionsersatz geworden. Von Leuten, in deren Köpfen ein heiliger Scheiterhaufen brennt, der ständig auf Hexen und Opfer wartet, um sie zu verbrennen. Wenn der andere ihrem Glauben nicht folgt, ist er ein Lügner oder Verräter. Eine aufgeklärte Gesellschaft hat damit ihre

Mühe. „Jeder sage, was ihm Wahrheit dünkt, und die Wahrheit selbst sei Gott empfohlen." (Lessing).

Das Postulat der „Wahrheit" verlangt auch Wahrhaftigkeit; die Verpflichtung, weder etwas zu verfälschen, zu verheimlichen oder gar zu lügen. Aber Tarnen und Täuschen wird geradezu verlangt, spätestens wenn man Karriere machen will. Ein ungeschönter Lebenslauf beeindruckt niemanden, erst recht, wenn es auf den ersten Eindruck ankommt.

Der Publizist Sebastian Haffner wies einst darauf hin, ein Politiker dürfe „unter Umständen" auch lügen. Und von Franz-Josef Strauß hieß es sogar, er habe „zum Wohle des deutschen Volkes gelogen". Und schließlich noch eine letzte bemerkenswerte Randnotiz: Etwas verschweigen heißt noch nicht: lügen.

Hat er also recht, der gelehrte Derwisch, der dem christlichen König auf dessen Frage hin erklärte, es gebe nicht eine Wahrheit, es gebe mehrere. Der empörte König forderte ihn auf, dies unter Beweis zu stellen, andernfalls er am nächsten Tage getötet werde. Daraufhin hat der Derwisch am folgenden Morgen seine Schüler so gekleidet, dass diese links rotes Tuch und rechts schwarzes Tuch trugen. Er hat sie sodann durch ein Spalier königlicher Ritter und Gelehrter geschickt, die Ritter auf der linken, die Gelehrten auf der rechten Seite. Und danach hat er Ritter wie Gelehrte fragen lassen, was sie denn nun gesehen haben. Die Ritter antworteten übereinstimmend, sie

hätten eine Gruppe rot gekleideter Gestalten wahrgenommen, die Gelehrten demgegenüber, es seien
schwarze gewesen. Der Derwisch wurde verschont.

Dulden oder Widerstehen

Für uns Menschen - und nicht nur für sie - ist die Zukunft wichtiger als die Vergangenheit. Die Behauptung bezieht sich keinesfalls auf irgendwelche Ideale humanistischer Bildung, sondern auf die Aufgabe des Überlebens. Richtig handeln bedeutet, sich so zu verhalten, dass möglichst viel Nutzen und möglichst wenig Schaden daraus entsteht. Wer sich selbst beobachtet, bemerkt, dass er sich mit seinen Gedanken mindestens so oft mit der Zukunft wie mit der Vergangenheit beschäftigt. Darin ist schon ein Teil unserer Strategie zur Zukunftsbewältigung zu erkennen: In seiner Vorstellung spielt man entscheidende Situationen durch und versucht die Konsequenzen zu erkennen.

Zu diesem Gedankenspiel gehören auch Träume! Beispielsweise von einer Welt ohne Armut, Krieg und Unrecht. Von einer Welt, in der die Bedürfnisse aller befriedigt werden, eingebettet in eine intakte Natur. Wo die von Menschen geschaffene Kultur und Technik mit dem Ökosystem Erde harmonieren. Wo das Wohl des Einzelnen nur in Zusammenhang mit dem Wohl des Ganzen und aller seiner Bestandteile erfahren und gedacht werden kann. Wo Respekt und Achtung füreinander herrschen und alle Menschen ihre individuellen Potenziale frei entfalten können. Wo Demokratie konkret wird und die unmittelbare Mitgestaltung der direkten Lebensumstände alltäglich ist.

Sind solcherart Visionen naiv und unrealistisch? Mag sein. Aber noch naiver und unrealistischer ist die Vorstellung, unser Wirtschafts- und Gesellschaftssystem könne über einen längeren Zeitraum in seiner jetzigen Form fortbestehen. Die Krise der Zivilisation ist inzwischen so allumfassend, dass jegliche Utopie, die sich auf der Grundlage unseres heutigen Wissensstandes widerspruchsfrei denken lässt, realistischer ist als die Fortschreibung des Status Quo.

Das Festhalten am kapitalistischen Wachstumsmodell, sei es nun grün angestrichen oder nicht, muss unweigerlich zu extremen ökologischen und sozialen Katastrophen führen, deren Auswirkungen sich niemand entziehen kann.

Es gibt reichlich Warner und Mahner, die pausenlos Alarm schlagen. Sei es vor überhöhten Hormonbelastungen im Trinkwasser, dem Aufheizen der Ionosphäre mit elektromagnetischen Wellen, vor Gammelfleisch, Chemtrails oder zig anderen Wohlstandskatastrophen. Das meiste davon verhallt ungehört im Orbit oder die Warnungen werden als Verschwörungstheorien verhöhnt und verlacht.

Nahezu 70 Prozent der Bürger in Deutschland trauen der Politik nicht mehr zu, die wichtigsten Krisen und Konflikte zu lösen.

So erschreckend das ist, solche Zweifel an der Obrigkeit besitzen inneren Sprengstoff und das Potenzial zu massiven Umwälzungen.

Damit der Mensch aus Stagnation und Dekadenz herausgeholt wird und endlich aufwacht, bedarf es ganz offensichtlich unerträglicher Missstände. Hochgespült durch ein mächtiges Schlagwort: Globalisierung. Ein Umbruch von historischer Dimension. Sie wird vorrangig von mächtigen Wirtschaftsinteressen dominiert und hält ihr Versprechen, die Armut zu reduzieren, nicht ein. **Ganz im Gegenteil:** Die Schere zwischen Reich und Arm geht immer weiter auseinander. Auch bei uns nehmen soziale Unsicherheit, Ausgrenzung und Ungerechtigkeit zu.

Das Leitbild der augenblicklichen Globalisierung ist der Neoliberalismus. Dieser Begriff bezeichnet eine Reihe von Grundannahmen, die seit Mitte der neunziger Jahre Märkte und Konzerne beherrschen. Kern der Lehre ist die Auffassung, dass jedes Lebewesen egoistisch agiert und seine Ziele mit allen Mitteln durchsetzt. Daraus folgt: Der Reiche, Fleißige schafft Arbeitsplätze aus Hunger an Geld und Macht; der Arme und Faule entspannt sich im sozialen Netz. Und weil sich daraus ein Gerechtigkeitsgefälle ergibt, darf sich der Staat aus der Daseinsfürsorge zurückziehen. Der Theorie nach steigert das die Gewinnspanne der Fleißigen und zwingt die Faulen in die Arbeit.

Das Gesetz des Dschungels wird zum Maßstab menschlichen Zusammenlebens.

Wer ohne starke Lobby ist, kommt dabei unter die Räder. Eine besonders unselige Rolle spielt das Privatfernsehen: Dokumentationen über Sozialschmarotzer und Reportagen über Erfolgstypen sind an der Tagesordnung. Gutmenschen sind out, Profilneurotiker in. Dieter Bohlen und Heidi Klum tun ihr Übriges, damit sich die Ellenbogenmentalität durchsetzt.

Doch was ist das? Bill Gates spendet Milliarden, obwohl er das nach den Spielregeln des Neoliberalismus nicht dürfte. Und immer noch opfern sich Krankenschwestern aus Nächstenliebe für ihre Patienten auf. Das zeigt, was der Neoliberalismus wirklich ist: eine Ideologie, mit deren Hilfe sich Eliten auf Kosten der Allgemeinheit bereichern.

Seit den 1980er Jahren ist eine solidarisch verfasste Gesellschaftlichkeit ausgehöhlt worden, Institutionen der öffentlichen Daseinsfürsorge wurden zunehmend privatisiert.

Mit der Unterwerfung von Gesellschaftlichkeit unter die Interessen von Ökonomie und Macht entstand ein neues Menschenbild, das für die Lage der Menschen weniger die sozialen Verhältnisse verantwortlich macht als die Menschen selbst.

So gewaltig die Probleme, so fragwürdig sind die Versuche, ihnen mit Mitteln konzertierter, politischer Solidarität auf die Füße zu helfen. „Wohltätigkeit ist die Ersäufung des Rechts im Mistloch der Gnade". Diese Worte werden Pestalozzi, einem Zeitgenossen der Französischen

Revolution zugeschrieben. Sie lassen keinen Zweifel, dass es nicht die Wohltätigkeit Einzelner, sondern solidarisch verfasste Gesellschaften sind, die für ein gutes Leben für alle stehen.

Und dennoch kann sich der Einzelne nicht in der anonymen Masse verkriechen. Besorgnis muss praktisch werden. Jeder Einzelne muss dem Bestehenden etwas entgegensetzen. Wie im Kleinen so im Großen. Nur durch die Reibung an sog. Modernisierungspotenzialen verliert der Neoliberalismus seine Geschmeidigkeit.

Anders als Armut lässt sich Ungleichheit nicht so gut „fühlen". Reichtum wird eher verborgen, auch vor der Forschung. Wir wissen über die Vermögen der Superreichen nur wenig. Diese werden geschätzt, weil es keine Daten gibt.

Was ist unsere Rolle in diesem Prozess? Stellen Sie sich einfach vor, wie Sie dereinst die Frage beantworten wollen, wo Sie gewesen sind und welchen Beitrag Sie zur Sicherung oder zur Zerstörung der Zukunft geleistet haben? Die Frage nach der Zukunft ist ein Transformationsprozess: Vom Dulden zum Widerstehen. Vom Funktionieren zum Selberdenken. Vom Dienen zum Genießen.

Das ist der Augenblick, wo wir aufhören, mit dem Finger auf andere zu zeigen. Heraustreten aus der Komfortzone. Das Ringen um bessere Argumente ist gleichzeitig Widerstand, umsteuern, praktische Veränderung.

Utopien können gefährlich werden, wenn sie in die Hände von Leuten geraten, die aus ihnen mit Eifer und Dogmatismus menschenfreundliche Wirklichkeit machen wollen. Aber Utopien sind ein großartiges Mittel, um Denken und Wünschen zu üben! Utopien von einer besseren Welt werden dann gefährlich, wenn sich „Berufene" daran machen, eine Matrix zu entwickeln, was wünschbar und was nützlich erscheint.

Armin Mohler, der gegenwärtige Chef der Siemensstiftung in München und aktives Mitglied „der grünen Bewegung", beschreibt in seinem Buch „Die konservative Revolution" mit der Einsicht eines Engagierten, dass grüne und linke Kreise die Träger einer künftigen „konservativen Revolution" in Deutschland und in fast allen europäischen Ländern sein werden, die alle Lebensbereiche beeinflussen. „Wir möchten sie (diese Welt) vorläufig als eine Welt umschreiben, die das Unveränderliche im Menschen nicht in den Mittelpunkt stellt, sondern glaubt, das Wesen des Menschen verändern zu können bzw. zu müssen".

Solche Masterpläne haben immer den Nachteil, dass es Individuen gibt, die sich in dieses Beglückungsraster weder fügen mögen noch fügen können. Beispiele dafür finden sich zu Hauf im Faschismus und Kommunismus des 20. Jahrhunderts. In den Mittelpunkt geriet mehr und mehr eine „biologische Weltanschauung", die nur noch mit mystischen Begriffen wie „Blut und Boden", „Rasse" und „Symbol" um sich warf. Eine solche „biologische

Weltanschauung" liegt denn auch folgerichtig dem heutigen ins Gegenteil verkehrten „Umweltschutz" in dem Begriff „Ökologie", „Bioethik" usw. zugrunde. Der Satz von Novalis: „Die Welt wird Traum, der Traum wird Welt", ist typisch für den Realitätsverlust solcher Utopien.

Wir wollen gesund, fit, schön und leistungsstark sein, wir wollen im Job weiterkommen und im Privatleben glücklich sein. Die Losung heißt nicht mehr: Sei Du selbst, akzeptiere Deine Grenzen und Schwächen - sondern: Werde immer besser, denn du bist noch nicht gut genug! Die moderne konsumistisch-kapitalistische Gesellschaft im 21. Jahrhundert basiert auf einem endlosen Perfektionierungsmuster, das psychische Gefahren mit sich bringt.

Doch wir sind bereits blind geworden und sehen sie nicht mehr. Der Neoliberalismus hat die Psyche als Produktivkraft entdeckt. Über positive Emotionen werden wir zur Selbstausbeutung verführt. Die Beschleunigung hat nahezu alle Lebensbereiche erfasst. Das Rad der Moderne dreht sich schneller und schneller. Wo das Ziel abhandenkommt, werden Tempo und Schnelligkeit zum Selbstzweck erhoben. Besonders offenkundig wird dies in der Politik. Was heute noch im Brustton der Überzeugung verkündet wird (die Renten/ die Banken etc. sind sicher, der Mindestlohn/die Wehrpflicht/die Atomkraft etc. stehen nicht zur Debatte), ist schon morgen Schnee von gestern. Facebook, Google & Co. erweisen sich als effiziente Instrumente beim Durchleuchten der Psyche des Menschen. Byung-Chul Han, Professor für Philosophie und

Kulturwissenschaft an der Universität Berlin, ist für seine kapitalismus- und medienkritischen Schriften bekannt. Eindringlich warnt er vor den Folgen freiwilliger Entblößung im "digitalen Panoptikum" des Internets und beschreibt, wie Freiheit und Offenheit in Macht und Kontrolle umschlagen können. Han: „Entscheidungen, die wir im Gefühl, frei zu sein, treffen, werden bald ganz manipuliert sein. Die digitale Kontrolle verlagert sich heute von bloßer Überwachung zu aktiver Steuerung der Masse. Diese digitale Psychopolitik ist heute in vollem Gange. Big Data macht womöglich unsere Wünsche lesbar, deren wir uns nicht eigens bewusst sind.“

Wenn wir nicht allesamt in die Falle tappen wollen auf dem Weg in eine bessere Welt, dann müssen wir unsere Handlungsmaximen radikal umstellen. Nicht Effizienz, sondern Achtsamkeit, nicht Schnelligkeit, sondern Genauigkeit, nicht weitermachen, sondern Innehalten wären die formativen Rezepturen für den Weg in eine lebenswerte Moderne.

Ein up-date unseres Denkens und Fühlens ist notwendig.

Theoretisch ist es den Machthabern der Politik möglich geworden, mit den Menschen alles zu machen, was sie möchten. Wenn wir uns nicht wehren und achtsam sind, werden sie in der Lage sein, grausamste Beschränkungen einzufordern, ohne dass sich irgendjemand dagegen wehren kann.

So hat die EU-Kommission ganz offensichtlich die Absicht, ab 2020 das Bargeld in allen Mitgliedstaaten der Europäischen Union weitgehend abzuschaffen. Das heutige Geld- und Bezahlungssystem wird seine Gültigkeit verlieren und Bargeld wird vollends eingestampft, um den Weg freizumachen für die totale Abhängigkeit von einem zentral gesteuerten Computersystem. Das Bargeldverbot ist ein Angriff auf die allgemeine individuelle Freiheit. Ein totalitärer Gedanke und wer an den Hebeln dieses Systems sitzt, ist unbekannt.

Es ist auch egal, dass ein solches System ohne Bargeld nur denjenigen zu Gute kommt, die an der Spitze stehen, oder dass es die Armen und die Arbeiterklasse bestrafen wird – auch bei den üblichsten Transaktionen – während es die Massen zur Nutzung einer elektronischen Plattform zwingt, auf der man alles nachverfolgen und beschränken kann – basierend auf den Regeln der an der Spitze stehenden Eliten.

Offenbar hat das seit Jahrzehnten auf der Tagesordnung der geheimen Weltregierung gestanden – mit Plänen, die Bevölkerung über ein digitales, bargeldloses Kontrollnetz zu steuern. Sobald dieser Punkt erreicht ist, wird Bargeld nicht nur obsolet sein, seine Benutzung wird illegal sein. Dieser Punkt steht kurz bevor. Die Frage ist nur, wie schnell wird er in der Realität ankommen?

Die Unterwürfigkeit der breiten Bevölkerung gegenüber der staatlichen Geldhoheit scheint bislang keine Grenzen zu kennen. Doch spätestens dann, wenn das Bargeld abgeschafft, der letzte Fluchtweg versiegelt ist und der Staat ungehemmt und ungestraft volle Einsicht in die Zahlungen der Bürger nehmen kann, ist George Orwells „Big Brother"-Dystopie Wirklichkeit geworden; dann ist es nur noch ein ganz kleiner Schritt, bis der Staat entscheiden kann, wer was kaufen und wer wohin reisen darf.

Unsere heutige Gesellschaft hat darunter zu leiden, dass es eindeutige Werte nicht mehr zu geben scheint; und die Wurzel dafür wird klar, wenn man bei Nietzsche liest:

„Kann man nicht alle Werte umdrehen? Und ist Gut vielleicht Böse? Und Gott nur eine Erfindung und Feinheit des Teufels? Ist alles vielleicht im letzten Grunde falsch? Und wenn wir Betroffene sind, sind wir eben dadurch auch Betrüger? Müssen wir nicht auch Betrüger sein?"

Transformation des EGO

Früher waren sich Kaiser und Kirche einig, dass der Mensch als Befehlsempfänger zu betrachten ist. Die Gesellschaft war unverblümt hierarchisch. Fremdbestimmung wurde allerorten offen praktiziert.

Da der Einzelne den Strukturen der Entmündigung von der Wiege an ausgesetzt war, entstand eine Normalität, die so weit von seelischer Gesundheit entfernt war, dass es nur wenige gab, die den Unterschied zwischen Gesundheit und Normalität überhaupt erkannten.

Früher platzte die Fremdbestimmung ohne zu klopfen ins Zimmer. Heute sickert sie durch Fugen ins Haus. Früher hieß sie Befehl und war unverschämt. Heute heißt sie Energiewende, Verwaltungsvorschrift, europäischer Regelungsbedarf, Klimaschutz und autonomes Fahren. Und sie schaut dabei ganz arglos drein.

Politik und Wirtschaft gehen dabei Hand in Hand. Dazu kommt, dass Selbstbestimmung das seelische Wohlbefinden zwar fördert, dass sie zugleich aber Mühe macht; und der Mensch in der Folge dazu neigt, das Glück nicht in sich selbst zu suchen, sondern in dem, was er von außen bekommen kann. Deshalb erhebt er lieber Ansprüche, als sich selbst als einen Wert zu pflegen. Deshalb nimmt er, was für ihn übrig bleibt.

Um diese vermeintlichen Ansprüche zu bedienen (so Wirtschaft und Politik), muss alles verbessert werden. Damit alles verbessert werden kann, wird Wachstum zum gesellschaftlichen Mantra erhoben. Alles muss effektiver werden. Damit alles effektiver wird, werden Arbeitsabläufe unaufhaltsam optimiert. Roboter übernehmen zukünftig das Kommando.

Das Resultat der Anspruchsinflation ist eine Arbeitswelt, in der der Einzelne seiner Spielräume beraubt wird und gemäß fremdbestimmter Regeln reibungslos zu funktionieren hat. Immer mehr Menschen brennen dabei aus.

Fremdbestimmtheit ist eine wesentliche Quelle seelischen Leids. Sie läuft einem der beiden psychischen Grundbedürfnisse diametral entgegen. Diese sind: Anerkennung und Selbstbestimmtheit. Um seelisch zu gesunden lohnt es, Selbstbestimmtheit und Autonomie einzufordern. Sie geht am ehesten durch folgende Mechanismen verloren:

- Druck von außen: Bevormundung, Drohung, Erpressung, Manipulation, Verführung.
- Seelische Introjekte: unreflektierte Verhaltensregeln, die ins Selbstbild übernommen wurden und vermeintlich auszuführen sind. Bekannte Introjekte sind:
  - Erst kommt die Arbeit, dann das Vergnügen.
  - Wichtig ist, was andere von dir denken.
  - Ein gutes Kind widerspricht nicht.

-   Lass dir bloß nichts gefallen.
-   Du bist nicht gut genug.

Heteronomie ist die Abhängigkeit von fremden Einflüssen bzw. vom Willen anderer und sie ist ein Problem zwischen innen und außen; aber nicht nur zwischen der Person und der Außenwelt, sondern auch zwischen sollen und wollen.

Das Ego will bestimmen, wie die Welt sein soll. Es urteilt und greift ein, sobald die Welt nicht seinen Wünschen entspricht. Es wirkt, indem es festlegen will, was als Wahrheit zu gelten hat. Das Ego geht von Bildern und Erfahrungen aus. Es meint zu wissen, wie die Welt sein sollte. Das Bild, das es von sich selbst und der Welt entwirft, ist Resultat seiner Ängste und Wünsche, seiner persönlichen Muster und Urteile, die es von anderen übernimmt.

Das Ego ist nicht angeboren. Es entwickelt sich im Laufe der frühen Kindheit parallel zum Erwachen des Ich-Bewusstseins. Es besitzt keine primäre Existenz, die mit der biologischen Geburt ins Dasein tritt. Das Ego ist vielmehr ein Konzept des Bewusstseins, mit dessen Hilfe sich das Ich in der Welt zurechtzufinden versucht, als Rivale und „Handelspartner" will es allem entgegentreten, was die personelle Macht und Kontrolle total einschränkt. Wie ein treuer Hund ist es bereit, nach allem zu beißen, was dem Wohl der Person im Weg zu stehen scheint; oder es achtlos zu übergehen.

Da die Freiheit dem Menschen aber die Möglichkeit gibt, Gutes ebenso wie Böses zu tun, benutzt der Mensch oft genug sein Wissen und seine Freiheit, anderen Leid zu bereiten. Vor allem, wenn das Ego die Gnade und Vergebung ignoriert, weil es allzu gerne Recht hat. Dadurch verteidigt es sein illusionäres Selbstbild, das Überlegenheit und Größe vermittelt.

Das Ego neigt dazu, Haben und Sein zu verwechseln. „Ich habe, darum bin ich. Und je mehr ich habe, umso mehr bin ich." Aber das Haben, das zumindest oberflächlich Befriedigung schafft, ist nur von kurzer Dauer. „Ich habe noch nicht genug" - damit meint das Ego eigentlich „Ich bin noch nicht genug." Kein Ego hat ohne das Verlangen nach mehr auf Dauer Bestand. Der Übergang zur Sucht liegt bereits in jedem Verlangen begründet. Das Ego ist hungrig, nicht der Körper. Dabei wollen die meisten Egos ständig etwas anderes und wissen nicht einmal, was sie wirklich wollen.

Für das Ego ist und bleibt die Endlichkeit des Seins die größte narzisstische Kränkung. Vanitas! Alles vergeht. Johannes Brahms wählte für sein Requiem die Zeilen aus der Lutherbibel: Nicht nur ein Mensch, auch eine Situation kann durch Zorn und Klagen in ein schlechtes Licht gebracht werden.

Das Ego nimmt alles persönlich, zugleich ist es ein Meister selektiver Wahrnehmungen. Es will immer und ständig ein Werkzeug entwickeln, um sich zu verteidigen. Es verwechselt allzu gerne Meinungen und Standpunkte mit Tatsachen. Wahrheit ist untrennbar mit dem verbunden, was das Individuum ausmacht.

Albert Schweitzer bezeichnete einmal die Demut als "die Fähigkeit auch zu den kleinsten Dingen des Lebens" emporzuschauen.

Um dies zu tun, müssen wir uns im geistigen Sinne nach unten begeben und Bescheidenheit üben. Wenn wir unsere Ansprüche zu hoch setzen und unseren Blick nur nach oben richten, werden wir die kleinen Dinge nicht wirklich sehen können, sie werden uns verborgen bleiben.

Die Demut steht im Gegensatz zu Hochmut und Stolz. Wenn wir Demut üben, müssen wir unser EGO ablegen und erkennen, dass kein Mensch wirklich vollkommen ist.

Wir dürfen uns selbst nicht zu wichtig nehmen, sondern müssen lernen, unsere eigene Begrenztheit anzuerkennen und nicht zu meinen, alles hänge nur von uns alleine ab. Wenn wir stolz sind auf unser Wissen, unseren Reichtum, unsere Talente oder unsere Erfolge ohne gleichzeitig dankbar zu sein und demütig anzuerkennen, dass nichts aus uns alleine kommt, so kann das dazu führen, dass wir hochmütig werden. Hochmut führt zu Selbstüberschätzung und Selbsterhöhung.

Auf der kollektiven Ebene ist das Denkmuster „Wir haben Recht und die anderen haben Unrecht" besonders tief verwurzelt. Immer wieder sind sie Ausgangspunkt für extreme Konflikte und Kriege zwischen Völkern, Rassen und Religionen. Ganze Kollektive sind unfähig zu erkennen, dass es vielleicht auch andere Perspektiven und Ansichten geben könnte, die ebenfalls Gültigkeit haben. Die Meinungshoheit tritt an Stelle des körperlichen Zweikampfes oder ersetzt ihn.

Es ist eine Kunst, unsere Gefühle wahrzunehmen, ohne sie ständig zu **be**-urteilen oder auf die Stimme im Kopf zu hören. Allzu gerne sind wir noch in alten Konditionierungen verhaftet. Dabei wird der unaufhörliche Strom zwanghafter Gedanken von Urteilen und Wertungen begleitet. Angst, Wut, Groll, Traurigkeit, Hass, Eifersucht oder Neid, all das frisst unsere Energie und greift in die Regulation von Herz, Immunsystem, Verdauung und Hormon-Produktion nachhaltig ein. Auch hier gilt: Denke anders - Lasse los!

Mentaler und emotionaler Ballast bestimmen überwiegend unser Leben, der sich bei ständigem Klagen, Bedauern, Hass und Schuldgefühlen im „Schmerzkörper" des Menschen manifestiert.

Wir können jedoch ab sofort damit aufhören, dem Schmerzkörper immer mehr Ballast aufzubürden. Wir können lernen, mit der Gewohnheit des Ansammelns und Erinnerns alter Emotionen zu brechen, indem wir, bildhaft gesprochen, dem Schmerzkörper die Nahrung entziehen.

Immer, wenn er Hunger hat und es Zeit wird, sich „zu stärken“, erwacht er aus seinem Schlaf. Alles Denken ist Energie, und an nichts labt und ergötzt sich der Schmerzkörper mehr als an düsterer Stimmung, Angst, Zweifel oder an lodernder Wut. Dabei brauchen wir nicht besonders sensibel zu sein, um zu bemerken, dass ein positiver Gedanke eine völlig andere Gefühlstönung hat als ein negativer. Es handelt sich zwar um die gleiche Energie, nur schwingt sie in einer völlig anderen Frequenz.

Nicht, dass wir den Strom negativer Gedanken nicht mehr anhalten könnten – wir wollen es auch gar nicht. Das liegt daran, dass der Schmerzkörper durch uns lebt, dass er vorgibt, ICH zu sein. Er verschlingt gierig jeden negativen Gedanken und kontrolliert mit „Leiden-Schaft“ den inneren Dialog. Ein Teufelskreis entsteht zwischen Schmerzkörper und dem Denken. Irgendwann nach Stunden oder Tagen ist er satt und fällt wieder in seinen Schlaf zurück; er hinterlässt einen erschöpften Körper, anfällig für weiteres Leid, Krankheiten und immer wieder Schmerzen.

Glück und Leiden sind Teil unserer Seele. Religion und Psychologie sind nicht dasselbe, aber beide sorgen sich um die menschliche Seele. Unsere Periode der Menschheitsgeschichte ist von Technik und Ökonomie geprägt. Technisch sind wir Weltmeister, psychisch aber infantil und resistent geblieben.

Das menschliche EGO ist der Preis des Menschseins. Ohne EGO gibt es kein Leid, aber auch keine Freude.

Sowohl Leid als auch Freude sind Produkte des EGO, es sind die beiden Seiten derselben "Medaille". Solange wir Menschen sind, werden wir unserem Ego nicht entkommen können. Doch wir können es auf einer erträglichen Größe belassen und es mehr und mehr durchschauen.

Es ist grotesk, dass wir auf den Mond fliegen, den Atomkern und den Zellkern spalten können, aber immer noch nicht wirklich in uns hinein hören wollen und auf die Signale achten, die wir von dort Nacht für Nacht über unsere Träume empfangen.

C.G. Jung lehrt, dass Heilung nur von innen kommen kann, nicht aus dem Medikamentenschrank. Die wichtigste psychologische Einsicht, die wir Heutigen von C.G. Jung lernen könnten: Die drohenden Katastrophen um uns sind das Ergebnis der Katastrophen in uns.

Jung liegt viel daran, sein Ergründen der Seele, sein Entschleiern von Seelenwirklichkeiten in den wissenschaftlichen Kontext zu stellen. Er nimmt intuitiv wahr, dass die Seele vieler Menschen den Drang in sich verspürt, sich zu entwickeln. Darauf will er antworten – motiviert durch eigene Erfahrungen. Empirisch, ganz „von unten her", vermittelt er auf möglichst einfache und verständliche Weise der Seele einen neuen Stellenwert. Allen auf Spekulationen basierenden Machenschaften will er zuvorkommen. So schreibt er im Kommentar zu „Das Geheimnis der Goldenen Blüte":

„Ich will mit vollster Absicht metaphysisch klingende Dinge ins Tageslicht psychologischen Verstehens ziehen und mein Möglichstes tun, das Publikum daran zu hindern, an dunkle Machtwörter zu glauben. Metaphysisch ist nichts zu begreifen, wohl aber psychologisch. Darum entkleide ich alle Dinge ihres meta-physischen Aspektes, um sie zu Objekten der Psychologie zu machen. Damit kann ich wenigstens etwas Verstehbares aus ihnen herausziehen und mir aneignen, und überdies lerne ich hieraus die psychologischen Bedingungen und Prozesse, welche zuvor in Symbolen verhüllt und meinem Verständnis entzogen waren."

Aus diesem Zitat spricht eine Seele, die sich aus den Fesseln, aus dem Gefängnis theoretisch-theologischer Vorgaben befreien will, und nicht nur sich selbst, sondern auch die Kranken, die eine Therapie benötigen: De-Konditionieren, Bewusstwerden, ja, Bewusstsein wird von Jung als Qualität, als großer Schatz entdeckt.

Ein weiteres Zitat aus dem genannten Text bestätigt das: „Wenn ich annehme, dass ein Gott absolut und jenseits aller menschlichen Erfahrung sei, dann lässt er mich kalt. Ich wirke nicht auf ihn, und er nicht auf mich. Wenn ich dagegen weiß, dass ein Gott eine mächtige Regung meiner Seele ist, dann muss ich mich mit ihm beschäftigen, denn dann kann er sogar unangenehm wichtig werden, sogar praktisch, was ungeheuer banal klingt, wie alles, was in der Sphäre der Wirklichkeit erscheint."

Was will Jung uns damit sagen? Dass er davon überzeugt ist, dass wir alle das Göttliche in uns tragen! Oder wie Goethe es einmal beschrieb: „Ich glaube, dass wir einen Funken jenes ewigen Lichtes in uns tragen, das im Grunde des Seins leuchten muss und das unsere schwachen Sinne nur von ferne ahnen können. Diesen Funken in uns zur Flamme werden zu lassen und das Göttliche in uns zu verwirklichen, ist unsere höchste Pflicht."

Vom

Leid zur Erkenntnis

Wie Freude und Glück gehört auch Leid zum Leben jedes Menschen. Das ist unvermeidbar. Die Frage ist, ob wir daran zugrunde gehen oder womöglich wachsen. Wir können unser Leid nicht wegzaubern, aber wir können lernen, konstruktiv damit umzugehen. Damit wir uns mit unserem individuell erlebten Leid aussöhnen können, werden wir zunächst die Wege ins Leid beleuchten. Das ist notwendig und sinnvoll, weil der Weg ins Leid gleichzeitig den Ausweg in sich birgt. Betrachten wir also zuerst die Realitäten des Alltags:

Im Moment der Geburt beginnt das Leid: Der Säugling schreit. Wir alle leiden an irgendetwas, und sei es auf den ersten Blick noch so belanglos. Schauen wir uns einfach um - bei Kollegen, bei Bekannten, bei unseren Freunden oder bei uns selbst. Schau´ in die Gesichter der Menschen auf der Straße, in der Bahn, im Fernsehen - überall zeigen sich Spuren von Leid. Heute mehr denn je, und ganz besonders in unserer auf Erfolg getrimmten Leistungs-gesellschaft finden die Menschen auf natürlichem Weg immer seltener innere Ruhe und inneren Frieden.

Der rasend schnelle "Fortschritt" unserer zivilisierten Welt verläuft offensichtlich im Gleichschritt mit der Zunahme zweifelhafter "Werte" wie Macht, materieller Erfolg, Körperkult und Jugendwahn. Sinngebende Werte wie Liebe, Mitgefühl, Wissen und Weisheit dagegen werden von Menschen, die in erster Linie nach Macht und Erfolg streben, zunehmend belächelt und oft sogar mit einer seltsam herablassenden Art von Mitleid bedacht. Durch diese verhängnisvolle Orientierung entwickeln sich die auf Leistung und materiellen Erfolg ausgerichteten Gesellschaftssysteme in nahezu allen Bereichen zu neurotischen, narzisstischen, psychisch und physisch zerstörerischen Ich-Gesellschaften.

Egoist zu sein "lohnt" sich wie selten zuvor, es wird beklatscht, bejubelt und quer durch alle Massenmedien gefeiert. Aggressiv zu sein ist heute eine erstrebenswerte "Qualität", das lernen unsere Kinder schon im Kindergarten und in der Schule.

Gewalt und Druck von allen Seiten sind alltägliche Begleiter von frühester Kindheit an. Immer mehr Kinder werden durch die Vermittlung destruktiver Werte sowie durch physische und psychische Gewalt seelisch verletzt, bevor sie überhaupt Gelegenheit zur freien Entfaltung haben. Das setzt sich dann fort in der Jugend und erst recht später im Erwachsenenleben. In fast allen Lebensbereichen werden heutzutage vorrangig Durchsetzungskraft, Erfolgsdenken und Leistungsorientierung verlangt und belohnt, und das nicht nur im beruflichen, sondern auch im privaten Umfeld. Damit wird das Leben von Anfang an zum permanenten Kampf erklärt.

Was sich dann in diesem immer gnadenloser geführten Kampf um Macht und Erfolg durchsetzt, ist das starke EGO. Es wird, wie vorher schon umfänglich beschrieben, zu unserem ständigen Begleiter.

Begriffe wie Gewinner, Looser, Weichei, Mega, tough und cool beschreiben die aktuelle Situation: Das Ego ist der Kult von heute. Und der Tanz um dieses goldene Kalb wird immer schneller und hemmungsloser. Destruktive Verhaltensweisen wie Aggressivität, Ignoranz, Gier und Skrupellosigkeit finden in unserer Leistungsgesellschaft zunehmend Akzeptanz und werden oft sogar bewundert.

Diese Entwicklung wird durch die Massenmedien permanent angeheizt, was man am Inhalt diverser Fernsehprogramme und Zeitschriften mühelos erkennen kann. Überall werden Gewinner als Vorbilder aufgebaut und präsentiert. Schon der Zweite wird häufig als Verlierer ins Abseits gestellt. Heute zählt fast überall nur noch der Erfolg, und zwar um jeden Preis. Immer mehr Menschen leben diese Werte von Macht und Gier, können nicht widerstehen, weil tagtäglich Egomanen zu Idolen hochstilisiert werden.

"Du brauchst einfach den richtigen Biss. Auf dem Platz musst du mit allen Mitteln kämpfen, da ist die Aggressivität entscheidend, da muss der Rasen brennen. Ich will immer gewinnen. Ich bin eben extrem ehrgeizig. Ich wollte schon immer der Beste sein."

Das sind die Worte eines Spitzensportlers, der als Hero gefeiert wird. Bei seinem Arbeitgeber, den Medien, seinen Kollegen und bei den Fans genießt der Mann höchstes Ansehen und großen Respekt. Er ist der Prototyp eines lupenreinen "Gewinners". Auf den ersten Blick scheint er ein Mensch zu sein, der auf der Sonnenseite des Lebens steht. Doch ist das wirklich so? Offensichtlich nicht, denn sehr oft ist sein Gesichtsausdruck alles andere als entspannt und zufrieden. Ist da womöglich etwas schief gelaufen? Der Suizid von Robert Enke 2009 war kein Einzelfall.

Diese Entwicklungen und Zustände in unserer heutigen Welt setzen uns Menschen zunehmend unter Druck. Der ständig steigende Druck erzeugt inneren Widerstand, und aus diesem inneren Widerstand entstehen Aggressionen, die sich entweder nach außen entladen oder, falls das aus unterschiedlichen Gründen nicht möglich ist, nach innen richten. In letzter Konsequenz führt der innere Widerstand zu einer subtilen Form von Selbstzerstörung, denn er stärkt das EGO. Das gilt sowohl für die erfolgreichen Überflieger wie auch für die ständig steigende Zahl der Verlierer unseres "Gesellschafts-Spiels".

Viele Menschen spüren inzwischen, dass irgendwas nicht stimmt. Sie empfinden ein Gefühl innerer Unzufriedenheit. Was sich da schleichend bemerkbar macht, ist das verkümmerte Selbst. Doch diese Instanz kennt keine Gnade. Sie will immer weiter wachsen und arbeitet mit ganzer Kraft daran, das Selbst zu unterdrücken.

Als Folge davon entsteht ein permanenter innerer Kampf. Einerseits will der Mensch seine verdrängten positiven Gefühle spüren, andererseits will er seine quälenden negativen Gefühle vergessen. Die meisten Menschen reagieren darauf mit Ablenkung und Betäubung. Das kann sogar eine Zeit lang funktionieren, doch irgendwann zahlen die Betroffenen für diesen Weg einen hohen Preis. Auf der Rechnung, die das Leben jedem Menschen vorlegt, steht dann nur ein Wort: LEID.

Leid äußert sich in Traurigkeit, Unzufriedenheit, Anspannung, Verzweiflung, Angst, Schmerz, Wut und einer Vielzahl anderer quälender Gefühle und Krankheiten.

Die Leid verursachenden Gefühle sind fast immer die Folge seelischer oder körperlicher Verletzung. Diese Verletzungen entstehen sowohl durch selbstzerstörendes Denken und Handeln als auch durch Außeneinflüsse wie Krankheit oder Gewalteinwirkung. Um belastende Gefühle ertragen zu können, entwickeln wir entsprechende Denkmuster und Verhaltensweisen. Oft werden dann die belastenden Gefühle nicht mehr verarbeitet, sondern zumeist durch den Konsum diverser Außenreize kompensiert, verdrängt oder durch Medikamente betäubt. So verläuft der direkte Weg, der Belastungen verstärkt und zu Abhängigkeit und Selbstzerstörung führt, ins Leid.

Jeder Mensch erlebt irgendwann diesen Zustand. Man kann an seinem Leid zerbrechen oder es durchleben und sich damit von seiner Herrschaft über das Selbstgefühl befreien. Für einen sinnvollen Umgang mit Leid braucht es innere Stärke. Innere Stärke entsteht im Selbst und dieses Selbst ist der Kern unserer Seele. Wird diese Seele durch Trotz oder Bequemlichkeit blockiert, ist auch die innere Stärke blockiert. Nur wenn die Seele frei ist, kann sich die naturgegebene innere Stärke frei entfalten.

Die Summe der Erfahrungen und Erkenntnisse führt zu unserer Seelenessenz, sie ist der eigentliche Schatz in jedem von uns. Sie ist die echte, reine, unendliche und alles umfassende Liebe. Jeder Mensch kann diesen Schatz für sich entdecken - und sich damit seiner selbst bewusst werden.

Die Seele ist nicht stofflich und deshalb auch nicht greifbar. Dieses Selbst, anders als das EGO, will nicht, braucht nicht, sucht nicht, strebt nicht, wünscht nicht. Es ist sich selbst genug. Es ist Ruhe und Wahrhaftigkeit und das Selbst kennt kein Leid.

Den Weg der Seele und seinen jeweiligen Seelenplan zu gehen heißt für uns Menschen, grundsätzlich Liebe zu leben. Das bedeutet, alles Lebendige so zu lieben, wie es ist. Die Welt so zu lieben, wie sie ist. Die Menschen so zu lieben, wie sie sind und sich selbst so zu lieben, wie man ist. Die Vorstufe dieser Liebe ist bedingungslose Akzeptanz.

Genauso wie wir Dunkelheit brauchen, um das Licht zu verstehen, benötigen wir die schlechten Tage, die Belästigungen und Frustrationen, um in der Lage zu sein, die wunderbaren, freudigen und erstaunlichen Aspekte des Lebens zu schätzen. Akzeptanz ist die Anerkennung und Übernahme der Verantwortung für die Art und Weise, wie unser Leben verläuft. Die innere Ablehnung bestimmter Persönlichkeitsaspekte hindert viele Menschen daran, im Einklang mit sich selbst zu leben und zufriedenstellende Beziehungen zu anderen Menschen aufzubauen. Er steht sich quasi selbst im Weg. Aus der Haltung des Respekts und der Akzeptanz heraus erwächst paradoxerweise die Lösung vieler Probleme wie von selbst.

Menschen, die Liebe geben, werden vom Leben geliebt. Jedes Gefühl und jeder Gedanke, den wir nach außen richten, wirkt zugleich in uns selbst. Somit entscheiden wir selbst, wie wir uns mit unserem Leben fühlen.

Was wir geben, kommt auf uns zurück. Im Unterschied zu Tieren können wir Menschen reflektieren und haben innerhalb gewisser Grenzen die Möglichkeit der Wahl. Wie jedes Lebewesen hat auch der Mensch die naturgegebene Bestimmung, seine individuellen Anlagen und Fähigkeiten in vollem Umfang zu entwickeln und in sein Leben einzubringen. Wir können (und "sollen") Liebe leben !

Aber wir alle kennen doch so vieles auf unserem Planeten, was uns ganz und gar nicht liebenswert erscheint. Was ist mit den Menschen, die Leid erzeugen, die unmenschlich grausam sind, die andere quälen, foltern und töten? Was ist mit Terroristen, Kriegsherren, Vergewaltigern und

Mördern? Wie kann es richtig sein, Bosheit in Menschengestalt nicht zu verurteilen und zu verabscheuen, sondern sogar zu lieben - zumindest aber zu akzeptieren?

Ist das wirklich denkbar? Fragen wir uns einfach selbst: Was genau ist es denn, was an "schlechten" Menschen schlecht und böse ist?

Als Neugeborene waren diese Menschen ganz sicher nicht schlecht. Das, was sie schon damals leben ließ, ist es, was sie als Lebewesen ausmacht. Genau das ist es, was nach wie vor liebenswert ist und immer bleibt - das reine Selbst. Was Unheil und Leid erzeugt, sind "nur" das Denken, das Verhalten und die Handlungen dieser Menschen. Dieses Denken und Verhalten entsteht in einem pervertierten EGO.

Also ist nicht der Mensch in seinem Wesenskern der Übeltäter, der "Übeltäter" ist sein EGO, das im Lauf der Jahre zum Herrscher seines Selbst und zum einzigen Bezugspunkt seiner Identität geworden ist. Dann identifiziert sich der Mensch nicht mehr mit seinem Selbst, sondern nur noch mit seinem im EGO entstandenen Denken, seinen Gefühlen, seinen Handlungen sowie seiner subjektiv erlebten und objektiv gelebten Rolle in seinem gesellschaftlichen Umfeld.

Doch auch ein böse und grausam handelnder Mensch hat jederzeit die Fähigkeit, sich vom Übeltäter zum Wohltäter zu wandeln - wenn es ihm gelingt, sich von den destruktiven Konditionierungen seines EGO frei zu machen und sich wieder mit seinem Selbst zu identifizieren.

Das Selbst eines Menschen zu lieben heißt also nicht, jede seiner Handlungen lieben zu müssen.

Ein zufriedenes Leben mit Leid ist möglich, wenn das EGO abgebaut und dadurch der Kontakt mit dem eigenen Selbst erleichtert wird. Durch das Annehmen, Durchleben und Loslassen der Leid verursachenden Gefühle und Gedanken kann sich jeder Mensch von seinen belastenden (in seinem EGO erzeugten und gefühlten) Gedanken und Gefühlen befreien.

Die Bewegungen des Lebens vollziehen sich mit unwiderstehlicher Kraft. Blitze, Stürme und Flutwellen, das Entstehen und Verschwinden diverser Spezies von unserem Planeten, all das gehört dazu und wird trotz aller Anstrengungen vom Intellekt der meisten Menschen noch nicht einmal ansatzweise in seinen Zusammenhängen erfasst, geschweige denn begriffen. Ein Lebewesen überlebt, indem es sich seiner Umwelt, der speziell auf sein Leben wirkenden Bewegung des Lebens anpasst.

Ich passe mich an, indem ich den natürlichen Bewegungen des Lebens möglichst wenig Widerstand entgegensetze. Widerstand aufgeben heißt jedoch nicht, grundsätzlich alles hinzunehmen. Das Leben bewegt sich in einem Rhythmus von Spannung und Entspannung, einem permanenten Wechsel zwischen Druck, - und Gegendruck. Widerstand zu leisten sorgt für Starrheit, Widerstand aufzu-

110

geben bedeutet Flexibilität. Wenn ich der Bewegung des Lebens mit Starrheit zu widerstehen versuche, werde ich irgendwann daran zerbrechen.

Am besten beenden wir augenblicklich unsere Anstrengungen, unabänderliche Realitäten zu ändern.

Immer wieder haben wir versucht, gegen unabänderliche Realitäten anzukämpfen. Doch nur zu oft war dieses Bemühen vergeblich. Alle Versuche, die unabänderlichen Realitäten unseren Wünschen entsprechend zu beeinflussen, waren lediglich Widerstand gegen die natürliche Bewegung des Lebens.

Alles, was in unserer Welt geschieht, beeinflusst sich wechselseitig. Im Größten wie im Kleinsten ist alles, was geschieht, immer die Folge einer Ursache. Dieses Prinzip der Wechselwirkung ist "der große Plan". Doch es gibt kein vorgefertigtes Konzept, in welchem alles Geschehen statisch festgelegt ist. Dieser "Plan" lebt und entfaltet sich aus sich selbst heraus. So gesehen ist jeder und alles am unendlichen Schöpfungsakt aktiv beteiligt und damit ein sinnvoller und sinngebender Bestandteil der kreativen Kraft des Lebens. Das Leben aller Lebewesen ist eine Einheit, die sich in unzähligen Lebensformen manifestiert. Kann es also sinnvoll oder sinnlos gelebt werden? Sinnvoll/sinnlos beinhaltet bereits eine Wertung. Wertungen aber sind Begrenzungen, eine Art „Betriebsblindheit". Viele Milliarden unterschiedlicher Lebewesen bevölkern unseren Planeten, und jedes einzelne Leben nimmt einen

anderen Verlauf. Jedes Lebewesen macht unterschiedliche Erfahrungen im Verlauf seines Lebens, und damit
gibt es Milliarden unterschiedlicher Formen von Lebens-
sinn.

Worin liegt der Sinn des Lebens einer Amöbe? Sie teilt
sich... Der Sinn des Lebens einer Ameise ist es, ihren
Lebensweg als Bestandteil ihres Ameisenvolkes zu gehen.
Der Sinn des Lebens manch einer männlichen Spinne liegt
darin, sein Spinnenweibchen zu begatten und sich anschließend von ihr fressen zu lassen.

Der Sinn eines Lebens liegt exakt darin, wie es verläuft -
wie auch immer das sein mag. Sinnloses Leben gibt es
nicht. Ein Lebewesen kann kein sinnloses Leben führen,
denn jeder Aspekt seines Lebens beeinflusst die Entwicklung und Form anderer Leben und trägt damit zum Kreislauf des Lebens bei. Alle Aspekte, die ein gelebtes Leben
ausmachen, sind sein Sinn.

All das gilt für jeden von uns! Jedes einzelne Leben hat
Auswirkungen auf unzählige andere Leben, es besteht aus
unzählbaren sinngebenden Aspekten. Der Sinn des Lebens
eines jeden individuellen Lebewesens liegt darin, einfach
SEIN Leben zu leben.

Leben und Tod, Geburt und Sterben, Ende und Anfang,
Ursache und Wirkung kennzeichnen den Kreislauf des
Lebens. Es gibt keinen Zufall, doch es gibt auch keine Bestimmung. Liebe, Seele, Licht, Lebensenergie, Stille, Gott
und die Schöpfung sind dasselbe. Der Sinn des Lebens als

Ganzes gesehen besteht in Bewegung und Wachstum, in seiner Entwicklung, im Erwerben von Erfahrungen, im fortwährenden Lernen.

Jedes Wesen macht individuelle Erfahrungen und lernt etwas anderes. So „lernt" sich die Schöpfung quasi selbst. Genauso entfaltet sich die Schöpfung. Sie kennt weder gut noch böse, sie ist positive und negative Kraft zugleich. Dabei trägt jedes den Keim des anderen in sich. Nichts ist nur gut, nichts ist nur schlecht.

Die Entfaltung der positiven Kraft vollzieht sich in der Schöpfung in Form von Entwicklung und Aufbau. Die Entfaltung der negativen Kraft vollzieht sich ebenso in der Schöpfung - in Form von Zerstörung, Aufgabe, Tod.

Indem wir diesem Prozess des Werdens und Vergehens als Quelle unserer Existenz vertrauen, opfern wir das EGO durch Hingabe. Indem wir uns dem Leben/der Schöpfung/Gott anvertrauen, unsere inneren Widerstände gegen die Bewegung des Lebens loslassen und den natürlichen Impulsen folgen, finden wir innere Harmonie und Seelen-Frieden.

Die Schöpfung (Gott) ist nicht getrennt von uns. Die Schöpfung durchdringt alles. Sie belebt die Pflanzen, die Tiere und die Menschen. Die Schöpfung durchdringt das Universum und das, was dahinter liegt. Schöpfung ist Schwingung. Man kann sie nicht erleben, sie ist für jeden von uns fühlbar, als Prozess permanenter Umwandlung.

Nichts geht verloren und nichts wird gefunden. Es war alles schon immer da und wird immer da sein. Was uns neu erscheint, ist nur das Ergebnis dieser Umwandlung. Was für uns tot scheint, existiert weiter in anderer Form. Es ist der Sinn unserer Existenz, diese Vielfalt der Schöpfung zu erfahren. Und, es mag am Ende dieses Kapitels simpel klingen: Leben ist das, was wir daraus machen. Jeden Tag auf Neue!

Medizin: Es gibt weder Richtig noch Falsch

Seien wir doch mal ehrlich! Der Mensch entdeckt auf einmal, dass er nicht ein Außenstehender, über alles erhabener Beobachter des Universums ist, sondern dass er selbst ein Teil davon ist. Nicht nur das, er ist ein „Gefangener" im Universum. Er kann sich nie über das Universum erheben, um etwas Objektives über das Weltall zu sagen. Solange man sich „innerhalb" eines Hauses befindet, sehen wir nur ein inneres Gebilde. Wir müssen das Haus verlassen und es von außen betrachten, um genau zu wissen, wie das Anwesen beschaffen ist. Das aber wird dem Menschen in Bezug auf das Universum nie gelingen.

Der Mensch sieht immer nur einen begrenzten Ausschnitt der Realität. Trotz der Entwicklung der Relativitäts- und Quantentheorien ist der moderne Mensch grundsätzlich immer noch dem mechanistischen Denkschema verhaftet.

Er glaubt, dass die mechanische Betrachtung der einzig vorstellbare Zusammenhang der Dinge sei.

Diese Überzeugung zeigt sich z. B. darin, dass Energie heute ausschließlich durch das Zerstören von untergeordneten Strukturen gewonnen wird: durch das Verbrennen, Verdampfen, Spalten und Abbauen von Energie-Rohstoffen. Die gesamte Energieversorgung der Welt ist auf diesen destruktiven Methoden aufgebaut.

Das menschliche Bewusstsein erzeugt durch seine Aktivität und Kreativität in jedem Augenblick seine Wirklichkeit, seine Realität, seine Welt, seine Krankheit und seine Gesundheit. Nicht als erhabener Beobachter, sondern als interessen-gesteuertes Konstrukt.

Die Natur lehrt, dass Neues entsteht, während daneben Altes vergeht. Ist unter diesem Aspekt die traditionelle Schulmedizin noch zeitgemäß? Krankheit und Leiden werden immer mehr zur „Handelsware". Diese „Handelsware" muss unter wirtschaftlichen Gesichtspunkten vermarktet werden, damit die Nutznießer hieraus einen Gewinn einfahren. Kein Wunder, dass dabei operiert wird, was die Skalpelle hergeben. In Deutschland werden jedes Jahr 200.000 künstliche Hüftgelenke verpflanzt. Im gesamten Ost-Europa sind es 300.000. Dagegen werden nützliche Therapien oder Medikamente von den Kassen oft nicht bewilligt, zu teuer! Das Kredo: Sparen bei der Therapie und Aufstocken bei ärztlichen Leistungen, die der Patient aus der eigenen Tasche bezahlen muss – genannt „Individuelle Gesundheitsleistungen" oder kurz IGeL.

Es existiert eine Studie der Universität Halle-Wittenberg, die besagt, dass jede vierte Klinik in Deutschland „Fangprämien für Patienten" zahlt. Und weiter geht daraus hervor, dass 2017 „zwei Drittel der nicht-ärztlichen-Leistungserbringer wie Optiker oder Logopäden in der Befragung sogar antworteten, dass sie niedergelassenen Ärzten gelegentlich oder häufig wirtschaftliche Vorteile für Zuweisungen gewähren."

Altes Bewahren und alternative Heilwege verlachen, das ist für viele Schulmediziner immer noch ein probates Mittel, sich Konkurrenz vom Halse zu schaffen. Ich zitiere aus dem Deutschen Ärzteblatt, Jg. 108 - Heft 15 vom 15. April 2011: „Natürlich sollte es bei rationaler Betrachtung Bach-Blüten nicht auf Kassenrezept geben, genauso wenig wie Engelsstaub, Edelsteine oder Wimpern-Zangen, die im Krankheitsfall allesamt von ähnlicher therapeutischer Relevanz sein dürften. Welcher auch nur halbwegs klargeistige Mensch schafft es eigentlich, sich nach der Lektüre von Dr. med. Götz Blomes der Welt entrücktem Standardwerk „Mit Blüten heilen!" noch für Bach-Blüten zu begeistern? Wer steht nach intellektueller Auseinandersetzung mit der klassischen Homöopathie noch fest im Glauben hinter dem Konzept der verdünnten Tropfen und weißen Kügelchen?"

Die Schulmedizin verhöhnt die Homöopathie, um an anderer Stelle zu behaupten, Gift sei Medizin (z. B. Chemotherapie). Die „Erfolgsquote" von Chemotherapie liegt im Bereich von etwa 3%. Diese Zahlen sind das Ergebnis einer umfangreichen Studie vom Dezember 2004 aus der Zeitschrift Clinical Oncology. Daraus geht hervor, dass ein Patient durch Chemo-Behandlung ca. drei Prozent mehr Überlebenswahrscheinlichkeit über die folgenden fünf Jahre haben soll, als ein Patient, welcher darauf verzichtet.

Bei der Schulmedizin handelt es sich um ein Gesundheits-System, das den Nutzen von Sonnenlicht, Homöopathie, Akupunktur und Saftfasten leugnet, aber toxischen Impfstoffen, Chemo-Therapien und krebserregenden Mammographien vertraut und sogar Babys Medikamente verabreicht, die so giftig sind, dass sie bei den Winzlingen Depressionen auslösen, noch ehe diese überhaupt alt genug zum Sprechen sind!

Wenn die Schulmedizin tatsächlich über wirksame Heilmethoden verfügen würde, dann hätten Ärzte und Pharmakonzerne doch keine Angst vor Konkurrenz z.B. in Form von Nahrungsergänzungen, Alternativtherapien und natürlichen Heilmitteln, und sie würden nicht versuchen, diese natürlichen Mittel zu kontrollieren oder gar gesetzlich zu verbieten.

Große Teile der konventionellen Medizinwissenschaft stecken noch in einer Physik, die über 100 Jahre alt ist. Robert O. Becker (US-amerikanischer Orthopäde und Spezialist für Elektrotherapie) hat beispielsweise vor 20 Jahren herausgefunden: Strom lässt Gewebe nachwachsen. Nun müsste man doch erwarten, dass die Wissenschaft dem Phänomen nachgeht. Die Natur zeigt uns, dass es möglich ist, Extremitäten nachwachsen zu lassen.

Biologen und Ärzte um Arthur S. Levin von der medizinischen Fakultät in Pittsburgh ist es gelungen, bei Kaulquappen, die diese Fähigkeit eigentlich bereits verloren hatten, mithilfe eines künstlich induzierten Einstroms von Natriumionen, das Wachstum eines neuen Schwanzes zu induzieren. Jetzt haben sie damit begonnen, an ca. 80 Soldaten und Zivilisten zerstörte Knochen mit der Verpflanzung von tierischem Gewebe den Knochen- und Muskelaufbau wieder herzustellen.

Das bietet uns Möglichkeiten der Heilung, die unvorstellbar groß sind. Stattdessen schweigt man darüber in der medizinischen Literatur hinweg oder redet es schlecht. Dass die Gesellschaft sich das gefallen lässt - und das bei limitierten finanziellen Möglichkeiten –, das ist ein ungeheuerlicher Skandal.

Warum glauben wir etwas? Weil alle anderen es auch glauben? Weil unsere Familie und unser direktes Umfeld es glauben? Haben es die Massenmedien nicht immer wieder so berichtet? Was wäre aber, wenn alles, was wir z.B. über Infektionskrankheiten und Impfungen glauben, nur eine Illusion wäre?

Manche Quellen sprechen von rund 400 verschiedenen Heilmethoden, die unter dem Oberbegriff Alternativ-Medizin zusammengefasst werden. Als gemeinsames Merkmal der alternativ-medizinischen Ansätze wird häufig das Prinzip der Ganzheitlichkeit angeführt. Diese Heilmethoden beziehen sich in der Regel nicht auf ein isoliertes Symptom, sondern auf das Zusammenwirken verschiedener Kräfte.

Das heißt, der Patient wird in seiner Gesamtheit gesehen, und seine Selbstheilungskräfte werden aktiviert.

Zunächst muss man sich bewusst sein: Es gibt in und außerhalb des Organismus' nichts, das ohne Energie funktioniert. Es gibt auch keine Medizin, die ohne Energie auskommt. Die Energiemedizin beispielsweise verwendet sowohl diagnostisch als auch therapeutisch physikalische Signale für medizinische Zwecke, und keine Chemie.

Die Energetische- und Informations-Medizin geht davon aus, dass umfassende Heilung nur dann geschehen kann, wenn alle Dimensionen des Seins in den Heilprozess mit einbezogen werden. Dies sind die stofflichen, energetischen, intuitiven, transzendenten und mentalen Ebenen.

Bleiben eine oder mehrere Ebenen unterentwickelt oder vernachlässigt, so ergibt es wenig Sinn, in den bereits gut entwickelten Ebenen weiter zu arbeiten. Es müssen dann die Defizite in den anderen Ebenen aufgearbeitet werden.

Zwischen Materie und Energie bzw. Information kann eigentlich nicht unterschieden werden. Materie ist lediglich eine Daseinsform der Energie. Dies hat aber zur Konsequenz, dass es möglich ist, Störungen im materiellen Bereich sehr wohl durch Korrekturen im energetischen und informationellen Bereich zu beheben oder zu bessern.

Über der körperlich-stofflichen Ebene, auf der die konventionelle Medizin sehr gut ist, kommt die bio-energetische Ebene; dazu gehört der Elektromagnetismus, also beispielsweise das EKG. Darüber liegt die Informationsebene, hier sind wir schon im feinstofflichen Bereich beispielsweise der Quantenpotenziale. Darüber die psychische, die mentale Ebene und ganz oben eine Ebene, die irgendwie mit dem Schicksal zu tun hat.

So kann etwa durch eine homöopathische Hochpotenz (ohne materiellen Inhalt) oder mentale Techniken eine Krankheit, die sich durch Störungen auch im stofflichen Bereich zeigt, positiv beeinflusst werden.

Viele Zustände lassen sich quantenphysikalisch nicht als Tatsachen, sondern nur als Wahrscheinlichkeiten beschreiben. Ob ein Teilchen sich etwa an einem bestimmten Ort aufhält, kann nicht mit „ja" oder „nein" beantwortet werden, da immer auch eine gewisse Wahrscheinlichkeit dafür besteht, dass genau das Gegenteil der Fall ist.

Dies führt aber zu der überaus wichtigen Konsequenz, dass es im (wahren) Leben eigentlich gar kein „richtig" oder „falsch" geben kann, und somit auch kein „gut" oder „böse". Auch eine Krankheit ist dann zum Beispiel nicht nur „da", sondern mit gewisser Wahrscheinlichkeit kann sie auch wieder „weg sein". Auch ist sie nicht „böse", sondern kann auch als Chance verstanden werden. Es gibt kein „richtig" oder „falsch".

Das dritte „Paradoxum" der Quantenphysik, wie A. Einstein es formulierte, ist für unser Verständnis des Heilens das wichtigste. Die Physiker mussten erkennen, dass ihre

Experimente nicht „objektiv" sind, also nicht rein sachlich gesteuert. Man fand heraus, dass das Ergebnis eines physikalischen Versuchs davon abhängt, welche Erwartungshaltung der Anwender hat! Offensichtlich beeinflusst der Experimentator auf nicht-stofflichem Weg den (stofflichen) Prozess.

Es ist also entscheidend, mit welcher inneren Haltung der Arzt/Therapeut sich dem Heilungsprozess annähert. Ergo: Bewusstsein, die Bereitschaft zur Veränderung und die tatsächliche Umsetzung, das sind die stärksten Heil-Impulse.

Diese Erkenntnisse verändern unser Verständnis von den Heilungsmechanismen vollständig und machen vieles erklärbar, was zuvor belächelt wurde:

• ob Patient und Arzt Heilung erwarten und daran glauben.

• dass Materie durch Information verändert werden kann.

• dass Gedanken und die willentliche Absicht eine Wirkung haben. Hierbei geht es um den vielzitierten Placebo-Effekt.

Um zu verstehen, wie die Übertragung der mentalen, geistigen oder energetischen Informationen von statten-gehen, sind weitere neue wissenschaftliche Erkenntnisse hilfreich. Dazu gehört auch die Esoterik, die früher das

Wissen der Eingeweihten, der Eliten war. Der Begriff ist jetzt verkommen für Spinner jeder Art. Kaum vorstellbar, was alles für Esoterik gehalten wurde, nicht zuletzt die Quantenphysik. Laser wurden als nutzloser Esoterik-Unsinn bezeichnet. Vieles, was heute Basis von großartigen Entwicklungen ist, wurde zuerst als Voodoo und spirituelle Quacksalberei bezeichnet. Inzwischen ist es fast ein Gütesiegel.

Heute weiß man bereits gesichert, dass alle Zellen miteinander nicht nur über chemische Botenstoffe und über das Nervensystem kommunizieren, sondern über sog. Biophotonen, d.h. über ultraschwache elektro-magnetische Impulse, die von der DNA ausgesandt und empfangen werden. Der Kommunikationsweg ist nicht an anatomische Strukturen gebunden.

Dabei ist die Möglichkeit der Informationsübertragung aus dem Quantenfeld gerade in Heilungs-Prozessen durch die moderne Computertechnologie gewaltig gestiegen.

Es ist heute bereits möglich, eine riesige Informationsmenge von körpereigenen Frequenzen in kürzester Zeit an jeden beliebigen Ort des menschlichen Körpers (nebenwirkungsfrei) zu transferieren.

Jede Heilarbeit, die am Energiekörper durchgeführt wird, hat sofortige Auswirkung auf den Status des menschlichen Magnetfeldes und damit in weiterer Folge auf den Status des physischen Körpers (D. Klinghart: Die fünf Ebenen des Heilens, 2004).

Klinghart fand heraus, dass jeder Tumor ein über seinen Durchmesser hinausgehendes verändertes elektrisches Feld besitzt. Er ist nicht automatisch verschwunden, wenn man den Tumor operativ entfernt. Das erklärt möglicherweise die hohe Rückfall-Quote nach Operationen.

Die Medizin kennt – grob geschätzt - 300 Tumorarten. Aber jeder einzelne Tumor hat ein charakteristisches Antigen (krankmachende Ursache). Für die Therapie bedeutet dies, dass jeder sein eigenes Behandlungskonzept benötigt. Also ein unmögliches Unterfangen, wollte man dies durchführen.

Alle Tumore haben aber eine Schwachstelle, sozusagen ihre Achillesferse, das ist ihr brachliegendes, schwaches elektrisches Potenzial und ihre Umpolung, was wesentlich zu ihrer Tarnung beiträgt.

Ganz gleich, welche Tumor-Art vorliegt – es genügt mittels bio-elektrischem schwachen Gleichstrom (Bio ElektroTherapie) ihr Potenzial zu erhöhen. Damit ändert sich ihr Zellstoffwechsel, ihre Tarnung fällt weg und das Immunsystem erkennt im Augenblick die Regulation „not self" und setzt die ganze Abwehrkaskade in Gang.

Das Ergebnis: Es tritt Selbstheilung des Krebsgeschehens ein. Und dies ist das bestgehütete Geheimnis in der Medizin. Es würde Revolution im Umdenken, Ablauf, Ergebnis und allerdings auch eine gewisse Ökonomie-Beeinträchtigung bedeuten.

Krebs ist kein Rätsel. Die belebte mikrobiologische Ursache wird jedem als Art Erbgeschenk schon im Mutterleib mitgegeben. Ob und wann sich ein Tumor realisiert, hängt von der Konstitution und vom individuellem Lebenslauf ab – sogenannte Erbfaktoren, wie gehäuftes Auftreten von familiärem Brustkrebs, sind seltene Ausnahmen. Kanzerose ist also ein bio-dynamischer Prozess.

Bedauerlich ist, dass dem Patienten von der Medizin verschwiegen wird, dass sein Tumor nicht der Krebs ist, auch kein Anfang, sondern das Endstadium einer jahrelangen, leisen, stillen Erkrankung (die Abwehr unterlaufende kryptogene, chronische Infektion) darstellt.

Wenn also ein Chirurg den Tumor auch mit größtem Können entfernt, hinterlässt er die Verursachung – und diese schlägt früher oder später zurück. Der so behandelte Patient weiß nicht, dass nur eine Scheinheilung zustande gekommen ist, und er weiter Krebskranker ist.

Macht

der Gedanken und Gefühle

Wir fühlen, bevor wir denken können. Bereits im Mutterleib machen wir erste „Fühl-Erfahrungen", die sich auf unser späteres Empfinden auswirken. Unsere Gefühle und Körperempfindungen sind von Anbeginn unseres Lebens Wegweiser zu dem, was wir brauchen Hunger und Durst, Mangel an Schlaf, Wärme oder Zuwendung - werden unsere Bedürfnisse nicht beachtet bzw. befriedigt, empfinden wir Angst, Wut oder Trauer. Werden sie gestillt - insbesondere unser Bedürfnis nach Zuwendung und Nähe - freuen wir uns, sind entspannt und zufrieden.

Wir können also schon sehr früh spüren, was wir brauchen, ohne dies in Gedanken und Worte fassen zu können. Damit vollzieht jeder von uns in seiner frühen persönlichen Entwicklung („Ontogenese") auch die evolutionäre Entwicklung der „Gattung Mensch" („Phylogenese"). Am Anfang unseres Lebens ähneln wir also mit unseren bereits gut entwickelten Fähigkeiten zu fühlen und unseren noch rudimentären Fähigkeiten zu denken, anderen höher entwickelten Säugetieren, mit denen wir unsere evolutionären Wurzeln teilen.

Weil der Mensch aber so stolz ist auf seinen reflexionsbegabten Verstand, der ihn vom Tier unterscheidet, haben
126

wir zu glauben begonnen, dass wir vor allem mit unserem Denken unser Handeln bestimmen. Die Ergebnisse der Hirnforschung entlarven diese Annahme jedoch als Irrtum. Unsere Gefühle vermitteln uns, wohin wir wollen. Unser Verstand ist eher ein Erfüllungsgehilfe, der auf Basis früherer und aktueller Informationen (unserem „Wissen"), den erfolgversprechendsten Weg weist.

Das psycho-somatische Verständnis geht davon aus, dass sich Körper und Seele gegenseitig beeinflussen, und sieht den Menschen als eine Einheit aus biologischen, psychischen und sozialen Bestandteilen, die nur miteinander funktionieren können.

Den Zusammenhang zwischen Psyche und Körper kann jeder von uns tagtäglich am eigenen Leib erfahren – sei es, dass einem "etwas schwer im Magen liegt", "der Schreck in die Glieder fährt", man "sich vor Angst fast in die Hose macht" oder dass man vor Scham errötet und sich in einer unangenehmen Situation der Herzschlag beschleunigt. Diese Erfahrungen zeigen, dass sich Emotionen sowohl auf autonome Körperfunktionen wie Herzschlag, Blutdruck oder Blasen- und Darmtätigkeit als auch auf den Bewegungsapparat mit seinen Muskeln auswirken und sie beeinträchtigen können.

Und an dieser Stelle kommt das Phänomen „Placebo" ins Spiel.

Die meisten Menschen kennen den Placebo-Effekt aus der Medizin, nämlich als Kontrollmittel bei Studien. Eine

Gruppe bekommt ein tatsächliches Medikament, die andere lediglich ein Placebo, also ein eigentlich wirkungsloses Mittel, von dem der Patient glaubt, es hätte eine Wirkung. Doch diese Studien, die kontrollierte Umgebung eines Experiments, können der Realität nicht gerecht werden. Der Placebo-Effekt ist weitaus machtvoller. Er kann Krankheiten heilen, aber auch zum Tode führen.

Das muss man sich mal vorstellen: Ein Patient bekommt anstelle einer medizinisch wirksamen Therapie eine Pille verabreicht, die nur aus reinem Zucker besteht.

Der Patient, tief im Glauben, ein wirkungsvolles Medikament erhalten zu haben, spürt schon nach kurzer Zeit eine Linderung der Symptome sowie eine deutliche Verbesserung seines allgemeinen Gesundheitszustandes. Und das, obwohl er kein einziges Molekül einer wirk-samen Substanz erhalten hat.

Diese Begebenheit wird in der Medizin als Placebo-Effekt bezeichnet: Das Verabreichen sogenannter Schein-Medikamente, die zwar keinen Wirkstoff enthalten, aber trotzdem den Gesundheitszustand des Patienten positiv beeinflussen können.

Das Wort „Placebo" kommt aus dem lateinischen „placere" und heißt so viel wie „gefallen" oder „nutzen". Auch wenn es nach einem Wortspiel klingt, so beschreibt es doch genau den Effekt: Gemeint ist die kleine Pille, die uns verspricht „Ich werde (dir) gut tun."

Der Effekt tritt natürlich nicht durch die Pille ein, sondern durch unsere Erwartung, die unser Gehirn in unsere „innere Apotheke" greifen lässt, die es dazu bringt, Opiate auszuschütten, die unsere Schmerzen lindern oder die Regulationskräfte aktivieren. Erwartungs-Psychologie ist in diesem Zusammenhang das entscheidende Stichwort!

Der Begriff Erwartung besteht aus zwei Teilen: der Vorsilbe **„er"**- und dem Verb **„warten"**. Führt man sich vor Augen, was beide Teile bedeuten, gewinnt man Einblick ins Wesen einer problemträchtigen psychologischen Haltung: **der Erwartung.**

Er - signalisiert als Vorsilbe immer den Beginn eines Geschehens oder das Erreichen eines Zwecks. Bei Verben, die mit er- beginnen, weist der auslautende Bestandteil auf das Mittel hin, durch das der Zweck erreicht wird.

Erwarten ist das Gegenteil von Bewirken. Während die Erwartung eine passive Grundhaltung benennt, spricht das Bewirken vom aktiven Pol. Wie nicht anders zu erwarten, gehört das Bewirken zum Erwarten zwangsläufig dazu.

Der feste Glaube „ zu erwarten, dass mir hier geholfen wird", kann im Körper messbare Veränderungen hervorrufen, obwohl „nur" eine geistige Kraft am Werke ist.

Wer Placebo belächelt oder sich ironisch dazu äußert, der negiert die Kraft der Auto-Suggestion und hat von Psyche wenig verstanden.

Beide vermögen über Glaube, Hoffnung und Liebe „Wunder" zu bewirken, weil sie die Selbstheilungskräfte des Menschen „entfesseln".

Heilung bedeutet, diesen Effekt des Fühlens und Glaubens zu nutzen, statt ihn zu verhöhnen. Es könnte sich nämlich um das Wichtigste handeln, was wir für unsere Gesundheit tun können.

Diese Macht des Glaubens und der Erwartung wiesen amerikanische Forscher nach, die vor einigen Jahren Parkinson-Patienten zum Schein operierten. Ihre 30 Probanden teilten sie in zwei Gruppen und klärten sie darüber auf, nur ein Teil von ihnen bekäme neue fötale Zellen ins Gehirn gespritzt. Alle Patienten wurden in den Operationssaal geschoben, betäubt und bekamen ihre Schädeldecke (zumindest ein wenig) angebohrt.

Als die Psychologin Cynthia McRae die Behandelten ein Jahr später nach dem Erfolg befragte, stellte sie erstaunt fest: Für das Wohlergehen der Patienten war es unerheblich, ob sie tatsächlich operiert worden waren oder nicht. Wichtig war einzig und allein, zu welcher Gruppe die Kranken zu gehören glaubten.

Für Forscher, die solche Phänomene studieren, ist der biblische Hinweis auf die Berge versetzende Kraft des Glaubens kein frommer Wunsch, sondern ein medizinischer Effekt, der eine rationale Grundlage hat.

„Eine starke Erwartungshaltung verändert die Gehirnchemie, Botenstoffe werden ausgeschüttet, und diese Veränderungen werden über das Nervensystem an den Körper weitergeleitet, wo sie häufig genau die gewünschten Wirkungen in Gang setzen", sagt der Direktor des Instituts für Medizinische Psychologie und Verhaltensimmunbiologie am Universitätsklinikum Essen.

Zitat: „Es ist nichts weiter als ein kopfiges Vorurteil, Placebos seien „Medikamente für Dumme". Begriffe wie „Suggestion" oder „psycho-somatisch" werden überdies gerne missverstanden."

Fassen wir noch mal zusammen:

Die Hauptmechanismen der Placebo-Wirkung bestehen nach den heute vorherrschenden und gut belegten Theorien vor allem in der Erwartungshaltung des Patienten. Dabei handelt es sich sowohl um unbewusste als auch bewusste Phänomene.

Die Verschreibung von Medikamenten durch den Arzt, die Ausführungen des Apothekers, die Kommentare von Verwandten und Bekannten und mögliche eigene Kenntnisse führen zu der bewussten Annahme, dass sich eine Besserung einstellen sollte. Bemerkenswert ist dabei, wie eine solche Erwartungshaltung sein kann. So wurde in einer Studie mit Placebos den Patienten sogar offen erklärt, dass sie nun eine Tablette ohne Wirkstoff erhielten. Einzig die Zusatzbemerkung, dass „das schon vielen geholfen hätte", war erlaubt. Selbst nach der vorhergehenden

objektiven Information über den fehlenden Wirkstoff war
die Placebo-Gabe dank dieser positiven Bemerkung bei 13
von 14 Patienten effektiv und reduzierte die subjektiven
Symptome um 41 Prozent.

Von einem guten Arzt sollte ohnehin erwartet werden,
dass er weiß, wie er einen Patienten aufmuntern und den
Glauben an Heilung vermitteln kann. Andererseits sind
Ärzte an gewisse Regeln und Gesetze gebunden und dazu
verpflichtet, über Risiken und Nebenwirkungen aufzuklären. Glücklicherweise können wir unser Schicksal
durch Aktivierung der Selbstheilung auch selbst in die
Hand nehmen.

Ein Doktor-Titel ist ohnehin kein Beweisstück für Un-
fehlbarkeit – Ärzte liegen nicht selten mit Ihren Ein-
schätzungen und Behandlungsmethoden daneben.

Ein ganz spezielles Beispiel des Placebo-Effekts stellte
unlängst der italienische Neurologe Fabrizio Benedetti
vor. Er zeigte, wie sich mit „purem Nichts" die Leistungsfähigkeit von Sportlern verbessern lässt.

Um die oft schmerzhafte Wettkampfsituation zu simu-
lieren, ließ er seine Probanden einen Handexpander
drücken – und schnürte ihnen zugleich die Blutzufuhr zur
Hand ab. Nach 15 Minuten wurde bei den meisten Ver-
suchs-Personen der Schmerz so unerträglich, dass sie aufgaben.

In der zweiten Phase gab Benedetti ihnen ein starkes Schmerzmittel, worauf sie 23 Minuten lang durchhielten. Eine Woche später wurde der Versuch wiederholt – diesmal mit wirkungslosem Kochsalz. Doch die Überzeugung, es sei ein Schmerzmittel, beflügelte die Sportler derart, dass sie rund 20 Minuten überstanden.

„Es ist also möglich, dopingähnliche Effekte ohne Doping zu erzielen", schließt Benedetti. Radsportler, aufgepasst!

Der Placebo-Effekt ist immer dann am größten, wenn eine Methode neu, besonders exotisch, besonders teuer oder ein bestimmter Nimbus damit verbunden ist – und zwar bei der einmaligen und ersten Anwendung. Jedenfalls sind mir aus der Literatur keine Placebo-Studien bekannt, bei welchen die Untersuchung der Methode erst nach der dritten Behandlung begonnen wurde.

Placebo-Effekte gibt es übrigens nicht nur in der Medizin. Diese Wirkungen begleiten uns im täglichen Leben immer und überall. Das gepflegte Ambiente eines Lokals lässt das Schnitzel besser schmecken und wenn "Kaffee" und nicht "Café" in der Getränkekarte steht, wird man den Geschmack kritischer beurteilen. Wir messen, ob wir wollen oder nicht, bewusst und unbewusst dem gesamten Alltags-Geschehen, diversen Arzneimitteln, der therapeutischen Interaktion, den beteiligten Menschen, der sozialen Umwelt, kurzum allen Dingen und Ereignissen, höchst persönliche "Bedeutungen" zu, die dann zu den hier beschriebenen Placebo-Wirkungen beitragen.

Man sollte sich auch vor Augen halten, dass Jahrtausende hindurch beim Heilen das Erflehen himmlischen Wohlwollens unerlässlicher Bestandteil der Medizin war. Ein Heilmittel allein konnte gar nicht richtig wirken, wenn es nicht mit entsprechenden Heilsprüchen und Zuwendungen verabreicht wurde. Heilen war immer ein umfangreiches Ritual, das bis ins Jenseits reichte. Der Arzt bzw. seine Heilkunst konnten nicht allein heilen, sie konnten immer nur einen Teil zur Heilung beitragen.

Hass ist keine Lösung

Warum erschießen junge Menschen Journalisten oder Menschen in einem jüdischen Supermarkt? Warum bomben sie und machen Unschuldige zu Krüppeln? Was läuft da im Kopf ab?

Eine Frage, die seit den Anschlägen von Paris intensiv diskutiert wird. "Niemand wird als Dschihadist geboren, er wird dazu gemacht", betont der Journalist Yassin Musharbash im Deutschlandfunk. Das klinge zwar wie eine Binsenweisheit, doch tatsächlich "liegt hier ein Lösungsansatz verborgen, der in der Terrorbekämpfung viel zu kurz kommt." Eine intelligente Terrorbekämpfung setze nicht nur auf Repression, sondern auch auf Prävention.

Frühe Niederlagen können aus Menschen Getriebene machen, die es allen zeigen wollen. Während die einen zur Waffe greifen und Blutbäder anrichten, legen die anderen Spitzenkarrieren hin. Die Frage ist nur, was den Unterschied macht.

Einer wächst allein mit seiner Mutter auf, die ihn nie in den Arm nimmt. Sie lobt ihn nie, selbst wenn er gute Noten nach Hause bringt. Irgendwann kommt ein Stiefvater dazu. Er prügelt den Jungen windelweich, immer wieder, auch wenn er nur Milch verschüttet hat.

Ganze Tage verbringt das Kind im Keller, damit die anderen in der Schule seine blauen Flecken nicht sehen. Was wird aus so einem?

Ein anderer wollte immer cool sein. Ständig erzählt er von seinen Rekorden bei Ballerspielen auf dem Computer. Aber er hat keine Freunde. Auf dem Schulhof wird er immer wieder zusammengeschlagen, "richtig zerpflückt", wie ein Mitschüler erzählt. Einmal schminken ihn Mädchen aus der Schule gegen seinen Willen und geschminkt muss der Junge nach Hause laufen.

Ende Juli 2016 stand dieser junge Mann auf dem Dach eines Münchner Einkaufszentrums und brüllt: "Wegen euch wurde ich gemobbt! Sieben Jahre lang!" Neun Menschen hat er gerade umgebracht, und niemand weiß, warum. Ob er ein Neonazi ist, ein Islamist, oder ein Irrer?

Zu unentwirrbar sind Terror und Wahnsinn ineinandergeflossen im Europa der letzten Jahre. Aber das, was der Junge auf dem Dach schreit, könnten fast alle Terroristen und Amokläufer der letzten Anschläge zumindest einmal gedacht haben: Wegen euch tue ich das. Aus Hass auf die ganze Welt!

Demütigungen können ein ganzes Leben verändern. Aber welche Konsequenzen die Gedemütigten ziehen, ist höchst unterschiedlich. Die Geschichte des anderen Jungen ging anders weiter als jene des Münchner Attentäters. Sie führte zum Erfolg. Nicht jeder Gedemütigte wird zum Mörder. Der erstgenannte Junge, der einst grün und blau geprügelt im Keller hockte, heißt Carsten Maschmeyer und ist einer der erfolgreichsten Unternehmer und Milliardäre Deutschlands.

Himmel und Hölle können mit einem einzigen Erlebnis beginnen.

Ist also die Gesellschaft schuld? Sind die Attentäter von Paris und andere Terroristen das Ergebnis von Armut, Ausgrenzung und früher Demütigung und die sich jetzt in Hass entladen?

Ja, es gibt entsprechende soziale Bedingungen, die in der Tat die Entstehung solcher Tragödien begünstigten, betont der Soziologe Dietmar Loch. Im Gespräch mit tagesschau.de sagt der Professor der Universität Lille, dass soziale Ausgrenzung und rassistische sowie sozial-räumliche Diskriminierung vor allem gegenüber den in den französischen Vorstädten lebenden Jugendlichen mit postkolonialem Hintergrund seit Jahrzehnten präsent und bekannt seien.

Die Frustration über die eigene Situation sei der Nährboden, so der Soziologe. Gleichzeitig müsse es dazu aber ein entsprechendes ideologisches Angebot geben - wie beispielsweise im heutigen internationalen Kontext den Islamismus. Auf individueller Ebene seien es schließlich persönliche Erfahrungen dieser jungen Menschen, die zu Brüchen in der Biografie führen. Solche Brüche liefen zumeist nach folgendem Muster ab: Abgleiten in die

Delinquenz, Aufenthalt im Gefängnis, dortige Radikalisierung durch Mitinsassen.

Vor allem die Familie kann ein Lebensquell, aber auch ein Albtraum sein. Die Schule sprengt die Enge heimischer Verhältnisse. Doch in einer Gesellschaft, in der die Werte auseinanderdriften und der Hass sich aggressiv ausbreitet, braucht es Nerven und Mut, um Lehrer zu sein.

Für Mord gibt es keine Entschuldigung. Wenn jemand einen anderen vorsätzlich umbringt, dann trifft er eine unfassbar falsche Entscheidung. Aber die Frage, warum jemand so entscheidet, ist gerade durch die Verbindung von Terror und Amok unausweichlich geworden.

Wie auch immer die Bedingungen in Schule, Elternhaus und Gesellschaft sein mögen, in einem sind sich Psychologen einig: Zum Terroristen wird man nicht geboren, sondern man wird dazu gemacht. Sie alle hatten prägende Erlebnisse in der Kindheit, wurden in der Pubertät "fehlgeleitet" und lebten in einer Gesellschaft mit starken Konflikten. Und die fanatisierten Täter haben eigene Legitimitäts-Konzepte. Ihr Handeln ist innerhalb ihres Weltbildes logisch und richtig. Ihre Wahrnehmung der Außenwelt ist gefiltert durch einen langen Ausbildungsprozess und damit auch noch einhergehende Sozialisation. Das macht es diesen Menschen auch möglich, jahrelang ein bis zur Perfektion unauffälliges, angepasstes Leben im Land ihres Todfeindes zu führen. Bis sie schließlich zuschlagen.

Der Mann, der im Namen der Terrormiliz "Islamischer Staat" (IS) am französischen Nationalfeiertag 2016 insgesamt 86 Menschen in Nizza ermordete, war mehrmals in psychiatrischer Behandlung und in eine tiefe Depression gestürzt, nachdem seine Frau ihn mitsamt der Kinder verlassen hatte. Der syrische Flüchtling, der in Reutlingen eine Polin mit einem Dönermesser ermordete und danach Passanten angriff, hatte der Frau zuvor einen Heiratsantrag gemacht. Sie hatte ihn abgewiesen. Der 27-jährige Syrer, der sich vor einer Gaststätte in Ansbach in die Luft sprengte, hinterließ ein Bekenner-Video, in dem er sich als Soldat des IS bezeichnet. Zuvor hatte er zwei Mal versucht, sich das Leben zu nehmen, nachdem sein Asylantrag gescheitert war. In Syrien habe er seine Familie verloren, er sei mehrfach in Gefangenschaft geraten, hatte er den deutschen Beamten berichtet.

"Ich fürchte mich vor dem Tod und der Demütigung." Das Gefühl erniedrigt zu werden, war für ihn offensichtlich so unerbittlich und ausweglos wie das Ende.

Menschen suchen schon früh Halt und Anerkennung. Bei Guerillaorganisationen, wie zum Beispiel der Hisbollah im Libanon, finden sie in der Gruppe Geborgenheit, die Familie und Freunde nicht bieten konnten. So wird ihr Selbstbewusstsein gestärkt.

Mit brutaler Ausbildung werden die Kinder auf ein einziges Ziel gedrillt: Den Kampf für eine bessere Welt, mit allen Mitteln. Für ihre charismatischen Führer sind sie sogar bereit, den Märtyrertod zu sterben.

Das psychische Grundmuster ist immer das gleiche, auch wenn die Ziele austauschbar sind: Kein emotionaler Halt in der Kindheit, Fehlleitung in der Pubertät, gesellschaftliche Konflikte. Das ist der Nährboden für Terrorismus.

Die Geschichte zeigt, dass Menschen schon immer die verletzliche Psyche der Jugend ausgenützt haben, um ihre politischen Ziele zu erreichen. Auch im Nationalsozialismus hat man das spielerische Aggressionspotential Heranwachsender instrumentalisiert und für ideologische Zwecke missbraucht. Psychologen sprechen von Fehlleitung und Verführung, die das ganze Leben prägen können.

Der Gekränkte strebt nach einer Position, die ihn von seinen Verletzungen heilt. Das kann beispielsweise Verlockung zu plötzlicher Größe sein, das viele Anhänger des IS anzieht.

Nach einer Studie der europäischen Polizeiagentur Europol zeigten etwa 20 Prozent der jungen Europäer, die sich dem Krieg der Terrormiliz im Nahen Osten anschlossen, zuvor psychische Auffälligkeiten. Aber offenbar warten die Terroristen nicht erst, bis gepeinigte Jugendliche zu ihnen kommen.

Jedenfalls beobachtete der Forscher Noah Tucker von der George Washington University, wie der IS in sozialen Netzwerken gezielt junge Nutzer ansprach, die in Posts über Einsamkeit geklagt hatten. Wenn Mörder und Missachtete zusammenkommen, entsteht eine hochexplosive Mischung.

Etwa 15.000 Menschen aus 80 verschiedenen Ländern kämpfen momentan im Irak und Syrien. Die Psychologin Anne Speckhard von der Georgetown University in Washington begegnete Terroristen und Terror-Deserteuren in Tschetschenien, in den Slums von Casablanca, im Irak, in Molenbeek und in der Türkei. Und sie findet, was viele empören dürfte: „Es ist falsch, für Terroristen nicht auch Verständnis zu haben. Selbstverständlich nicht für das, was sie tun. Sondern für die Menschen, die sie sind. Oder besser: einmal waren."

Speckhard nennt vier Zutaten zum mörderischen Cocktail: Der Gruppendruck, das Gefühl ausgegrenzt oder benachteiligt zu sein und eine hohe Verletzlichkeit. Und dann als Rahmen eine Ideologie.

"Hysterische Ansteckung" – so nennt die forensische Psychiaterin Nahlah Saimeh den psychologischen Mechanismus, der sich zuletzt zwischen Terroristen und Amokläufern in Deutschland und Frankreich vollzogen hat. "Narzissmus und Hysterie streben nach Aufmerksamkeit. Jetzt, bei so einer Welle der Gewalt dabei zu sein, bietet die Möglichkeit, sich ganz persönlich in die weltumspannende Sache einer Terror-Bewegung einzureihen."

Kurz: Wonach sich die Gedemütigten ein Leben lang gesehnt haben, scheint sich im großen Morden zu erfüllen.

141

Wie kann ausgerechnet das Grauen zur Heimat werden? Ist das mit erniedrigenden Erlebnissen wirklich zu erklären?

Wenn die Familienstruktur mit dem Vater an der Spitze keinen Schutz mehr bieten kann, so entsteht bei Kindern in einer patriarchalisch organisierten Gesellschaft ein Enttäuschungsgefühl, das sich in Formen materieller und existenzieller Ängste ausdrückt. Solche Erfahrungen prägen Kinder sowie Heranwachsende und machen sie besonders sensibel für vermeintliche Ungerechtigkeiten – eine Tatsache, die man seit Generationen in allen Kulturen bestens beobachten kann.

Kinder rebellieren gegen ihre Eltern und akzeptieren die Machthierarchie nicht mehr. Sie orientieren sich zunehmend an heroischen Gruppen, die ihnen Schutz versprechen.

Bei dieser strategischen Neuausrichtung wenden sich die Sprösslinge nicht von ihren Familien ab, sondern fühlen sich für deren Schutz ganz im Sinne der Tradition verantwortlich. Sie strafen jedoch den Patriarchen, der eigentlich traditionell die Hierarchiespitze ausfüllt, ab, indem sie seine Macht nicht mehr akzeptieren. Es entsteht ein neues Patriarchat, in dem die Hierarchieebenen funktionell unterhöhlt werden.

„Jene, die einst Opfer waren, träumen von Ausrottung als Triumph über jene, die ihnen die subjektiv erlittene Demütigung beigebracht haben."

Maligner Narzissmus lautet der psychologische Fachbegriff dafür. Eine Form der Selbstbezogenheit, die keine konstruktive Entwicklung der eigenen Person mehr zulässt. Gesunder Narzissmus ist eine Ressource. Er macht uns leistungsbereit, verantwortungsfähig und sozial erfolgreich. Dazu aber sind maligne Narzissten unfähig.

Im Amoklauf verwirklichen solche Menschen mit ihren selbst gewählten Feinden das, was sie immer gefürchtet haben – die völlige Auslöschung. Das Selbstmordattentat ist dann beides zugleich: Die Erfüllung einer Allmachts-Fantasie und der Höhepunkt des Selbsthasses.

Die Wut eines Menschen, wenn ihm ein Gefühl der Schwäche und Ohnmacht überwältigt, wird durch aggressives Vorgehen gegen „Unterdrücker" kanalisiert.

Aber nicht jeder wird dabei zum Amokläufer oder Terroristen. Psychologen sehen den Schlüssel in sog. Resilienzen. Es sind nicht wenige, die den Sieg davontragen über Gewalt, Armut, Verlust, Misshandlung, Krankheit oder das Chaos des Lebens. Neue Untersuchungen legen nahe, dass mindestens ein Drittel der Jungen und Mädchen, die unter schwierigen Bedingungen aufwachsen, einigermaßen oder auch gut im Leben zurechtkommt. Mitunter sind es sogar mehr.

Es ist immer wieder die alte, neu erzählte Geschichte derjenigen, die es schaffen wie aus dem Nichts heraus Größe und Stärke zu erlangen. Es ist ein Lebensweg, der berührt und erstaunt. Der belegt, dass Erfolg, Zufriedenheit und Lebensglück, obwohl scheinbar unerreichbar, trotz aller Widrigkeiten möglich sind. "Resilienz" nennen Psychologen, was Menschen wie Maschmeyer auszeichnet: psychische Widerstandsfähigkeit - eine strapazierfähige Verfasstheit der Seele.

Sie alle verkörpern Grundeigenschaften eines psychisch stabilen Menschen: Selbstvertrauen. Den Willen, das eigene Leben zu gestalten. Die Bereitschaft, Entscheidungen zu treffen. Die Fähigkeit, Verantwortung zu übernehmen. Lust an der Herausforderung und Lust am Erfolg. Und Ziele, die das Leben sinnvoll erscheinen lassen.

Widerstandsfähige Menschen akzeptieren die Situation wie sie ist, beschönigen nichts, blicken aber weiterhin optimistisch in die Zukunft.

Worauf kommt es also an? Auf Optimismus und Akzeptanz, aber auch eine Lösungsorientierung und die Bereitschaft, die Opferrolle zu verlassen und Verantwortung zu übernehmen. Wer es schafft, die Krise als Chance zu sehen und gestärkt daraus hervorzugehen, der ist bereits auf einem guten Weg. Und: „Wer scheitert, hat sich zuvor etwas getraut". Deshalb verdienen alle, die den Mut hatten, etwas zu wagen, grundsätzlich Respekt.

Im deutschen Sprachraum hat das Wort „Krise" eine eher negative Bedeutung. Nicht so in der chinesischen Kultur: Hier setzt sich das Symbol für Krise aus zwei Zeichen zusammen: Eines steht für Gefahr, das andere für Chance.

So erhält die Krise vom Wort her schon einen deutlich positiven Aspekt.

Der Philosoph Karl Jaspers befand, da die Krise ihre Zeit habe, könne man sie nicht vorwegnehmen und nicht überspringen. Die Bibel sagt es ähnlich: „Ein jegliches hat seine Zeit, und alles Vorhaben unter dem Himmel hat seine Stunde: geboren werden hat seine Zeit, sterben hat seine Zeit; pflanzen hat seine Zeit, ...weinen hat seine Zeit, lachen hat seine Zeit; klagen hat seine Zeit, tanzen hat seine Zeit... (Prediger 3, Vers 1).

Mangelbewusstsein verhindert Wohlstand

Wir sind grenzenlose Wesen und FÜLLE ist unsere Natur. Warum aber leben so viele Menschen im Mangel – und wie kommen wir wieder in unsere natürliche Fülle, in unseren Wohlstand zurück?

Drei Worte, die uns klein machen und ein Mangelbewusstsein kreieren: "nicht gut genug"

Dieser Gedanke taucht im Bewusstsein unzähliger Menschen immer und immer wieder auf. Er tummelt sich in den Köpfen von Menschen, vollkommen unabhängig davon, in welcher beruflichen Position sie sind, wie viel Geld sie verdienen, wie viele Ausbildungen oder Erfahrungen sie mitbringen, was sie bereits erreicht haben oder wie großartig andere Menschen sie finden.

Im Folgenden beschreibe ich 7 Strategien, die in der Coaching-Praxis am häufigsten zu Tage treten:

1. Sie versuchen anderen Menschen oder sich selbst etwas zu beweisen.

Statt zu tun, was Ihnen entspricht, tun Sie Dinge, um anderen Menschen oder sich selbst zu zeigen, was Sie drauf haben, was Sie alles schaffen, wie gut oder wie unentbehrlich Sie sind und so weiter. Oder Sie versuchen ständig, den Erwartungen anderer Menschen zu entsprechen, um zu beweisen, wie gut oder wertvoll Sie sind.

2. Sie strengen sich besonders an.

Sie sind beispielsweise immer am längsten im Büro, machen die meiste Arbeit, übernehmen alles, was auf Ihrem Schreibtisch landet, oder sind zu allem und jedem nett und freundlich. Sie versuchen, mit Ihren Bemühungen den gefühlten Mangel zu kompensieren.

3. Sie vergleichen sich mit anderen Menschen oder gehen in Konkurrenz.

Sie schauen darauf, was andere tun, haben, können, schaffen und wie andere sind und ziehen den Vergleich zu sich selbst. Glauben, sich dadurch ein Urteil bilden zu können, wie wertvoll – oder viel öfters wertlos – Sie selbst sind. Oder meinen, mit Ihren "Mitspielern" in den Wettbewerb treten und sich beweisen zu müssen – siehe Punkt Eins.

4. Sie setzen sich ständig neue Ziele.

Sie nehmen sich ständig irgendetwas vor, haben Ziele oder machen Pläne. Wenn Sie XY erreichen, dann fühlen Sie sich besser, denken Sie. Stellen dann aber frustriert fest, dass Ihnen die Willenskraft, die Disziplin oder die Lust fehlt, um durchzuhalten. Oder: Sie kommen mit viel

Mühe ans Ziel, fühlen sich aber in Wahrheit keinen Deut besser oder wertvoller. Das nächste Ziel muss her.

5. Sie machen eine Ausbildung nach der anderen.

Diese Kompensationsstrategie kenne ich aus zahlreichen Coachings und erlebe es vor allem bei Selbstständigen: Sie absolvieren eine Ausbildung nach der anderen. Und zwar im Glauben, mit dem nächsten Zertifikat endlich das Gefühl zu bekommen, gut genug zu sein für ihre Arbeit und Aufgabe.

6. Sie tun alles, nur nicht das, was Sie eigentlich tun möchten.

Das Gefühl nicht gut genug zu sein kombiniert mit der Angst, Fehler zu machen und möglicherweise zu scheitern, hindert Sie daran, beruflich den Weg zu gehen, den Sie am liebsten gehen möchten, oder anzupacken, was Sie schon immer anpacken wollten. Stattdessen beschäftigen Sie sich mit lauter Dingen, die eigentlich nicht Ihre sind.

7. Sie arbeiten ständig an sich selbst.

Sie versuchen, Ihre "Mängel" zu beheben, Ihre Stärken zu stärken, Ihre Glaubenssätze zu verändern, positiver über sich selbst zu denken und Ihr Selbstwertgefühl zu verbessern. Verbringen unzählige Stunden mit dem nicht enden wollenden Bemühen, endlich zu der Person zu werden, die Sie Ihrer Meinung nach sein sollten.

Die Wahrheit über Ihren Wert

In der Coaching-Szene gibt es unzählige Tipps, was Sie tun, denken und affirmieren können, um Ihr Selbstwertgefühl zu erhöhen. Das erinnert mich immer an den Fisch, der im Ozean schwimmt und nach Wasser sucht.

Ihren wahren Wert finden Sie nicht in dem, was Sie tun, nicht in dem, was Sie denken und nicht in dem, was Sie sich einreden. Ihren Wert finden Sie auch nicht darin, was Sie darstellen, schaffen und erreichen. Und schon gar nicht darin, was andere Menschen von Ihnen halten.

Ihren wahren Wert finden Sie zwischen, hinter, unter all Ihren eigenen Gedanken.

In der Stille. Im Sein. Immer da und präsent. Ihr Wert steht außer Frage. Ist unantastbar. Egal was ist.

Wir sind ein Ausdruck universeller Intelligenz – ein göttliches, schöpferisches Wesen. Es ist schier unmöglich, nicht wertvoll zu sein. Wir müssen nichts dafür tun. Der Irrtum besteht darin, auf den Gedanken "Ich bin nicht gut genug" hereinzufallen. Die Geschichte für wahr zu halten, die Ihnen Ihr Kopf (Ihr Umfeld oder die Gesellschaft) oder das EGO darüber erzählt, wie Sie sein sollten und was Sie nicht alles tun müssten. Oder die Geschichte zu glauben, dass in der Vergangenheit etwas passiert ist und deswegen Ihr Selbstwertgefühl angeknackst oder schwach ist.

Die wahre Ursache für ein geringes Selbstwertgefühl ist, dass Sie Ihren Verstand zu ernst nehmen (der ständig wertet und vergleicht) und dabei übersehen, was tatsächlich ist – wer Sie wirklich sind.

Das nächste Mal, wenn in Ihrem Bewusstsein der Gedanke "Ich bin nicht gut genug" auftaucht, lächeln Sie sich von Innen an. Betrachten Sie den Gedanken, wie eine Wolke, die Ihnen gerade die Sicht auf die Sonne nimmt. Und im Bewusstsein, dass Gedanken so wie Wolken einfach weiterziehen, lassen Sie den Gedanken einfach Gedanken sein und erinnern Sie sich daran, dass Sie Ihren Wert nicht beweisen und für Ihren Wert nichts tun müssen. Erinnern Sie sich, dass die universelle Lebensenergie durch Sie hindurch fließt und die universelle Intelligenz in Ihnen wohnt. Erinnern Sie sich daran, dass Ihr Wert jenseits aller Gedanken, Worte und Taten liegt und es genügt, einfach Sie selbst zu sein.

Negative Denkmuster, die wir als Kind gelernt haben, sind uns hier nur im Weg. Das Leben beschenkt uns jeden Tag. Wir müssen nichts tun, um geliebt und erfüllt zu werden. Das ist ein selbstverständliches Grundrecht eines jeden Menschen und Tieres. In unserer Gesellschaft ist diese Wahrheit größtenteils verloren gegangen, so scheint es. Und so suchen viele die Fülle im Geld, in Macht, in Anerkennung und in oberflächlicher Liebe. Vergebens.

Wer hingegen die Wichtigkeit der Fülle im Innern erkennt, der zieht die Fülle im Außen automatisch an. Denn das

Innere (unser Denken und Fühlen) wirkt sich auf das Äußere aus und nicht umgekehrt. Und für dieses Resonanzgesetz gibt es ein paar klare Regeln.

1. DAS FÜLLHORN FÜLLEN

ZIEL ist es, ein selbstverständliches Gespür für Fülle und Reichtum zu entwickeln. Wir können uns z.B. vorstellen, einen großen Behälter, ein sog. Füllhorn im Arm zu halten. Neben uns steht eine imaginäre Tonne, die randvoll ist mit allem, was wir gut und begehrenswert finden. Das können tugendhafte Werte sein und/oder profanes Materielles. In der Tonne befinden sich beispielsweise Traumurlaube, ein Wunschjob, eine komplett neue Garderobe, unser Idealgewicht, jede Menge 200-Euro-Scheine – eben alles, was uns so einfällt. Was zu dieser Übung nicht passt, ist Bescheidenheit. Letztere sollten wir für möglichst lange Zeit beiseiteschieben. Dann greifen wir in die Tonne und ziehen eins nach dem anderen unserer Prachtexemplare heraus und werfen sie mit Wucht in das Füllhorn – so lange, bis uns die Arme lahm werden.

In jedem Fall sollten wir nicht früher aufhören, bevor mindestens 20 Dinge von A nach B transportiert wurden. Jetzt heben wir das Füllhorn mit beiden Händen hoch und leeren es virtuell über uns aus. Das ganze gepaart mit der Vorstellung, dass alles, was wir hineingeworfen haben, an uns festklebt. Wir genießen diesen Moment in vollen Zügen und werden geradezu süchtig nach diesem bestärkenden, frischen, fröhlichen Gefühl der Fülle und des Wohlstands.

2. GELD WAHRNEHMEN

ZIEL: eine starke, positive Affirmation in Bezug auf Geld sprechen, ohne dass das Unterbewusstsein widerspricht. Wir tragen ab heute immer einen Zehn oder Zwanzig-Euro-Schein lose in der Tasche. Wann immer wir einem der alten, verstaubten (Kollektiv-) Gedanken zum Thema Geld nachhängen, sehen dir den Geldschein an und sagen uns mehrmals hintereinander: „Ich sehe Geld – ich finde Geld – ich liebe Geld."

3. DANKBARKEIT

ZIEL: den Fokus vom vermeintlichen Mangel weg lenken. Immer wenn wir unsere Entscheidungen aus einem Mangel heraus treffen, kreieren wir damit ungewollt und unbewusst neue Mangelsituationen. Wir stärken unbe-wusst den Mangel. Das ist ein energetisches Naturgesetz (Gesetz der Anziehung). Wir schieben dieser kontra-pro-duktiven Herangehensweise einen Riegel vor, indem wir unseren Fokus auf das "Haben" richten. Dabei besitzt Dankbarkeit eine erstaunliche Macht: Sobald wir nämlich wirklich dankbar sind und unser Wahrnehmungsfilter auf "Haben" ausgerichtet ist, kreieren wir weitere Situationen dieser Qualität und das ist ein ganz wichtiger Erfolgs-magnet!

4. LUXUS-ORTE AUFSUCHEN

ZIEL: den eigenen Radius/Lebensraum/Horizont vergrö-
ßern/ausdehnen und Fülle kreieren!!! Wir suchen so oft es
geht Orte in unserer Stadt auf, die für Wohlstand und
Erfolg stehen. In Berlin fallen mir da sofort die Cafés und
Bars sämtlicher First-Class-Hotels ein, die Designershops
unten im KaDeWe, sämtliche Feinkostläden und Nobel-
restaurants. Wir müssen dort nicht einmal großartig Geld
ausgeben, wenn es uns momentan noch daran mangelt.
Wir bewegen uns in diesen Räumlichkeiten so - wie im
Supermarkt nebenan und atmen die Fülle-Energie, die an
solchen Orten herrscht, und bestellen uns dort einmal im
Monat eine Tasse Kaffee oder lassen uns zu einem kostbaren Teil ausgiebig beraten oder bedienen. Entscheidend
ist, dass wir unseren natürlichen Lebensraum um solche
Orte erweitern, falls uns diese noch fremd oder gar be-
drohlich erscheinen.

Liebesbrief ans Geld

Nicht unser Bewusstsein ist unser größter Führer, sondern
unser Unterbewusstsein. Wenn dort nicht die Weichen für
Reichtum und Wohlstand gelegt sind, können wir uns
noch so sehr abmühen, das Geld kommt nicht zu uns.

Einen Liebesbrief an das Geld mag paradox klingen. Doch
es ist ein erster kleiner Schritt, um destruktive Glaubensmuster über Geld zu entdecken und die eigene Beziehung zu Geld zu verbessern.

Hallo liebes Geld!

Wie geht es dir? Ich möchte dir jetzt einmal wirklich Danke sagen. Danke, dass du mich in den letzten Jahren nie im Stich gelassen hast. Du hast mich zwar öfter einmal warten lassen und einige Male hast du dich ziemlich rar gemacht, aber im Endeffekt warst du doch immer da, wenn ich dich ganz dringend gebraucht habe.

Du hast wohl auch gemerkt, dass es schön bei mir ist und dass ich dich nicht einsperre. Ich hatte früher mal die Zeit, wo ich dich gebunkert habe und auf das Sparbuch verdonnerte, aber das ist jetzt vorbei. Im letzten Jahr habe ich dich kommen und auch sofort wieder weiterziehen lassen. War das nicht schön? Du hast ja wirklich sehr viele Freiheiten bei mir. Deine Anwesenheit und deine kurze Verweildauer haben mir eine tolle Wohnung beschert, in der ich jetzt so richtig glücklich bin. Ich genieße die freie Zeit in der Wohnung und im Garten und ich freue mich sehr darüber, dass ich mir das leisten kann.

Schön wäre es, liebes Geld, wenn du deinen Freunden und Freundinnen davon erzählen könntest, wie lustig und angenehm es bei mir ist. Die Tür steht für alle offen. Kommt einfach hereinspaziert, bleibt eine Weile bei mir und dann könnt ihr weiterziehen.

Du weißt, es ist wohlig warm und gemütlich bei mir, aber glaube mir, die Schulden hätten sicher auch viel mehr Spaß, wenn sie die Welt mehr von außen sehen könnten. Vielleicht schaffst du es ja sie dazu zu überreden.

154

Manchmal habe ich das Gefühl, dass die Schulden Angst haben, dass sie nicht mehr zurückkommen dürfen, wenn sie erst einmal vor der Haustüre stehen. Aber das ist nicht so. Sie dürfen immer wieder anklopfen, dürfen kurz bleiben und dann eine neue Aufgabe suchen. So soll es ja in jeder guten Beziehung sein. Jeder braucht seinen Freiraum. Nur die Schulden sind im Moment noch wie kleine Kinder, die Angst haben ein paar Schritte ohne Mama zu tun.

Liebes Geld, was machen wir da? Hast du eine Idee?

Alleine werden wir das nicht so schnell schaffen. Ich schlage deshalb vor, dass du mit ganz vielen Freunden vorbeikommst. Sagen wir so 300.000 oder auch mehr, dann machen wir eine riesen große Party mit den Schulden gemeinsam und dann rauscht ihr gemeinsam ab. Ich übernehme auch das Zusammenräumen – echt versprochen – ihr sollt nur Spaß haben.

In meinem Innern spüre ich, dass wir beide gute Freunde werden können, die sich in jeder Situation helfen und zur Seite stehen. Ich finde es toll, dass ich mit dir auch meine Projekte umsetzen und Ideen erfüllen kann. Du bist mir eine sehr große Hilfe und es fühlt sich gut an, bei dir zu sein und dich in meiner Nähe zu haben.

Du schenkst Glück, Freude und Reichtum. Nicht nur für mich, sondern für die ganze Welt. Das will ich zusammen mit dir unterstützen und feiern.

*Also, mein liebes Geld - bereiten wir die Party vor und
dann bis bald!*

Dein Michael

MONEYfestation

Was ist daran eigentlich so schlimm oder so schwierig, Geld einfach nur zu lieben?

Dabei lässt es sich scheinbar dort am liebsten nieder, wo es schon genügend davon gibt. Und denen, die es am dringensten brauchen, bleibt es verwehrt.

Wie kommen wir also vom Mangel in die Fülle?

Das Spiel mit dem Geld muss dringend neu beseelt werden, wenn ein Mangel herrscht. Warum haben so viele Menschen Schwierigkeiten, Geld als etwas Schönes, Liebenswertes und Befreiendes anzunehmen und sich fast dafür schämen? Weil die meisten Menschen ein gestörtes Verhältnis zum Geld haben. Sie haben unbewusste, negative Glaubenssätze abgespeichert.

Jeder besitzt so viel Geld wie er sich „WERT fühlt", dass ihm Freiheit und Fülle zusteht.

Die meisten Menschen versuchen krampfhaft im Außen etwas zu verändern, damit sie zu Geld kommen. Sie spielen Lotto, möglichst mit immer höheren Einsätzen, arbeiten mehr und länger, gönnen sich weniger, wollen sparen und erreichen dennoch das Ziel niemals.

Wenn dieser Mensch keine RESONANZFÄHIGKEIT zum Geld besitzt, ist alle Mühe vergebens und er bräuchte es gar nicht erst versuchen.

WOHLSTAND entsteht INNEN. Und es tritt außen in ERSCHEINUNG.

Wenn ich also etwas ändern will, dann muss ich IN MIR etwas ändern. In meinem SO-SEIN, in meinem SELBST-BILD.

Ein sich arm-fühlender Mensch kann niemals ein Wohl-habender werden. Er braucht sich darum gar nicht zu kümmern, Armut gehört zu ihm.

ABER: Dieses SO-SEIN können wir jederzeit ändern!

Es kann auch sein, dass die chronischen Geldprobleme nur ein Symptom eines Allgemeinzustands sind. Wenn es für einen Menschen zum Alltag gehört, ständig Energie zu verlieren, könnte sich das in einem Loch in der Geldbörse widerspiegeln. Wir werden uns zwar nie bewusst für diese Situation entscheiden, indem wir sie aber zulassen, geben wir unbewusst unser Einverständnis.

Was also sollte jemand tun, der mittellos auf der Straße sitzt, ohne Hab und Gut. Hat er überhaupt eine Chance?

Der **1. Schritt,** um dort heraus zu kommen: Er muss sich bewusst machen, dass sein SO-SEIN diesen Zustand ver-ursacht hat. Dass Armut nicht vom Himmel gefallen ist, sondern sein SO-SEIN entspricht der Realität. Solange dieses SO-SEIN immer noch an alten Mustern klebt, wird er Armut und Leid immer weiter anziehen.

Zur Veränderung des SO-SEINS gehört die FRAGE: Was ist mir im Moment das wichtigste? Was muss ich zu allererst LOSLASSEN, was ist es, das mich belastet. Was sollte ich aus meinen Gedanken rausschmeißen? Auch hierbei geht es um Wertschätzung der eigenen Person. Kümmere ich mich intensiv um meine Person oder um mich selbst. Das sind zwei verschiedene Paar Schuhe. ICH SELBST bin BEWUSSTSEIN, aber ich habe eine Persönlichkeit. WAS ist denn MEIN SELBST? WER BIN ICH? Selbstbewusstsein kommt erst, wenn ich mir meines SELBSTES bewusst bin: Ich bin ein wertvolles Geschöpf Gottes und habe Fülle und Wohlstand verdient!

Geld geht zu dem, der es liebt. Geld hat kein Moral-Bewusstsein. Es geht auch zu einem hinterhältigen, bösen, kriminellen Menschen- weil dieser das Geld liebt. Und Geld fühlt sich bei ihm wohl. Ein anderer ist vielleicht ein edler und herzensguter Zeitgenosse, aber der denkt: Geld verdirbt den Charakter. Geld macht faul und bequem. Und- es gibt wichtigeres als Geld. Dieser Mensch schätzt Geld nicht, also macht es einen weiten Bogen um diese Person. Und das hat nichts mit den Qualitäten seines Menschseins zu tun.

Übung

1. Schritt

Ich werde mir zunächst bewusst, wer ich bin. Ich bin ein ungetrennter Teil des einen SEINS. Die natürliche Fülle der Schöpfung gehört zu mir. Ich fühle mich dessen WERT, Anteil zu haben an der Gesamtheit der herrlichen Schöpfung.

Und jetzt stelle ich mir vor und FÜHLE es (denn nur die gefühlte Fülle verwirklicht sich!) dass mich WOHLSTAND umgibt. Ich muss mir ein BILD von meinem Wohlstand machen, nicht als Fiktion, sondern als verwirklichtes Erleben von herrlichen Stränden und Urlaub, von kostbaren Uhren und Autos, von schicken Klamotten und einer traumhaften Wohnung auf Bali. Sollten die Wünsche eher in Richtung Schuldenfreiheit und täglichem Auskommen gehen, so wäre das ein jämmerlicher Wohlstand. Es ist nichts weiter, als ein bedürftiges Wünschen, aus einem Mangel heraus.

Wichtig also: Ich muss erst einmal mein Bild von Wohlstand kreieren, das ich dann in Besitz nehmen kann.

Frage: Was kommt Ihnen automatisch in den Sinn, wenn Sie an Geld denken? Welche Assoziation haben Sie zum Geld. Bitte kurz in 2-3 Sätzen notieren:

GELD ist für mich ....

Und beantworten Sie die Frage: Warum habe ich nicht mehr als genug von diesem Geld?

Haben Sie schon einmal den Zustand des verwirklichten Wohlstandes erlebt? Nur eine Vorstellung davon reicht nicht. Sie muss sich vor Ihnen präsentieren, jegliche Distanz zu Reichtum und Fülle verlieren. Wir müssen sie in Besitz nehmen. Wir gehen da hinein in das Bild und setzen es um: pralles Bankkonto, schickes Haus, tolle Reisen, Cartier-Uhr, Luxus-Auto. Wir müssen es gefühlt erleben. Das ist die ERFÜLLUNG. Wir sehen vor dem geistigen Auge den bereits erfüllten Wohlstand. Wir versetzen uns in den erfolgten ERFOLG.

Wichtig ist das Gefühl: Es ist VOLLBRACHT. Ich bin am ZIEL.

2.   Schritt

Ich verbinde mich mit einem starken Gefühl der Freude, der Erleichterung, der Dankbarkeit. Die gefühlte Dankbarkeit ist das GEHEIMNIS. Denn dankbar kann ich nur für etwas sein, das schon in Erfüllung gegangen ist. Für etwas, das ich bereits habe und nicht für etwas, was ich gerne hätte.

ICH HABE BEKOMMEN ist der prägende Satz. ES IST GESCHEHEN. DANKE!

Wenn ich etwas im Inneren verwirklicht habe, kann mir das Außen es nicht mehr verwehren. Das Außen ist nur ein

Spiegelbild der inneren Struktur. Wann immer ich an Wohlstand denke, sollte das Gefühl da sein: WOW- DAS HABE ICH BEREITS ERREICHT!!!

Allein mein Bewusstsein entscheidet über den Zeitrahmen der Verwirklichung. Nur das Außen kann bieten, was ich im Inneren bereits verwirklicht habe. Und dabei muss ich darauf achten, wann ich in ein Mangelbewusstsein rutsche, das weit entfernt ist von einem Reichtums-Bewusstsein. Der Weg in die Fülle beginnt immer mit dem Aussteigen aus alten Mustern. Wir haben nicht genug an Liebe, Aufmerksamkeit, Wohlbefinden, Gesundheit oder Geld. Wir müssen für alles kämpfen und uns abmühen. „Das Leben ist schwer", sagt das Mangelbewusstsein. „Das kann ich mir nicht leisten." Ein neuer, passender Glaubenssatz wäre: „Ich habe immer mehr Geld als ich brauche."

Ein verstecktes Mangelbewusstsein existiert z.B. dann, wenn ich denke, ich investiere jetzt eine bestimmte Summe in ein Geschäft und am Ende bekomme das Vielfache an Fülle zurück. Das geschieht aus einem Mangel: Wenig einsetzen - viel ernten. Stattdessen sollte ich sagen: Egal, was ich tue, ich bekomme immer „mehr als ich brauche, das gehört zu mir, zu meinem wahren Wesen. Damit bin ich gesegnet!"

Das ist gelebtes Fülle-Bewusstsein.

Wohlstand kann man nicht verdienen, Wohlstand muss man säen!!! Schulden hat etwas mit Schuldgefühl zu tun.

Was hält mich im Mangel? Was muss ich loslassen? Was kann ich ändern (im Denken), um die Situation insgesamt zu verbessern?

Immer, wenn ich denke, ich habe nicht genug von etwas, es fehlt mir was (an Gesundheit, Geld, Spaß bei der Arbeit, etc.) dann komme ich aus einem Mangelgefühl. Was muss ich (in MIR) von diesem Mangel loslassen, wo ist ein begrenzender Gedanke, was sind die falschen Glaubenssätze. Und wie kann ich das ändern?

INDEM ICH MICH IN DER ERFÜLLUNG ERLEBE !!

Ein Armer kann nicht wohlhabend werden. Er muss erst innerlich Fülle und Reichtum verwirklichen, bevor er es anziehen kann und es im Außen in Erscheinung tritt.

Im Spiegel unserer Lebensumstände wird das unsichtbare SO-SEIN als Realität sichtbar gemacht und daran können wir erkennen, wo etwas stimmt oder auch nicht. Immer bin ICH derjenige, der sich spiegelt. Es ist keine Projektion, es ist meine ART von Fülle und Wertschätzung, die ich in Form von Geld, Umsatz, unbezahlten Rechnungen oder Ärger mit Kunden (er)lebe.

Wo zeigt sich da ein Mangel (in meinem Bewusstsein), den ich als Spiegel/Reaktion erlebe? Wenn da Wohlstand und Fülle fehlt, muss ich mein SO-SEIN ändern, um auch das Außen zu verbessern. Jemand der haufenweise Schulden hat, kann nicht plötzlich zu Wohlstand gelangen. Das erfordert zunächst Arbeit im Geiste.

So werden arme Menschen, die plötzlich zu Geld kommen, immer noch in der Begrenzung sein, denn sie fühlen weiterhin, wie es ist, wenn man nichts hat. Also werden sie sparen, knausern und jeden Cent umdrehen.

Andere Menschen wiederum machen die Erfahrung, wenn sie bedürftig sind, wird ihnen Zuwendung zu teil, Hilfe, verbaler Beistand. Das reicht, um (unbewusst) im Mangel stecken zu bleiben, denn es wird ja für sie gesorgt (Hartz IV). Sich Geld zur Überbrückung zu leihen, ist durchaus ein Weg der gegangen werden kann, aber (die Schuld) sollte immer zurückgezahlt werden, weil ansonsten auch wieder die Bedürftigkeit genährt und nicht verändert wird.

Schritte der Transformation:

• Spiegel im Außen wahrnehmen.

• Zeigt er Mangel, liegt die Ursache im Bewusstsein.

• Unbedingt diesen Mangel (als Glaubenssatz) loslassen.

• Danach das Fülle-Bewusstsein mit der Kraft der Verwirklichung (Gedanken, Gefühl) installieren.

Frage: Warum sollte das Leben mir Fülle und Wohlstand geben? Was tue ich dafür, dass dem Gesetz von Ursache und Wirkung folgend, Fülle und Reichtum eintreten muss? Was säe ich? Erst kommt die SAAT und dann die ERNTE.

Heilung ist (auch) Kopfsache

Die "Werkzeuge der Heilung" bestehen weniger aus Pillen und Spritzen als vielmehr aus Informationen. Aber von dieser Erkenntnis sind weite Teile der konservativen Medizin noch Lichtjahre entfernt.

Informationen, die - falls sie genutzt und in die Tat umgesetzt werden – können Krankheiten an ihrer Wurzel packen und zu echter Heilung führen. Sie aktivieren die Selbstheilungskräfte des Patienten, machen seine Gesamtkonstitution stark wie eine Festung und das Immunsystem unbesiegbar.

"Jede Krankheit kann geheilt werden, aber nicht jeder Kranke", denn "Heilung kann erst erfolgen, wenn der Mensch es endgültig satt hat zu leiden".

Eine erfolgreiche Heilung setzt beim Patienten jedoch zuallererst das Verständnis der Zusammenhänge voraus. So ist Krankheit das Zeichen eines geschwächten Körpers. Ein geschwächter Körper jedoch ist das Ergebnis einer ungünstigen Lebens- und Ernährungsweise, die zu Schlacken und Giften im gesamten Organismus, zu einer gestörten Darmflora, einem Befall mit Pilzen, einer chronischen Übersäuerung und einem latenten Vitalstoffmangel führen kann.

Wenn alle diese Punkte behoben werden, sind die wichtigsten Voraussetzungen dafür geschaffen, dass sich nicht nur die Krankheit endgültig verabschiedet, sondern auch der Patient – nämlich aus der Praxis des Arztes.

Durch vielfältige Studien der Energiemedizin ist inzwischen bewiesen, dass die Ursache von Krankheiten in nicht verkrafteten Konflikterlebnissen liegt.

Phase 1= Akuter Konflikt

Wenn Belastungen, Sorgen oder Nöte des Alltags länger andauern, können diese sich mit der Zeit zu biologischen Konflikten verdichten. Typische Redewendungen sind dann: „Damit hat er das Fass zum Überlaufen gebracht", „Ich kann nicht mehr", „Ja, das halte ich so nicht länger aus". Einfach ausgedrückt: „Erkrankungen" beginnen mit Ereignissen und Situationen, die wir „nicht gepackt haben" und spiegeln sich auf den drei Ebenen –Psyche-Gehirn-Organ wider. Kleine Disharmonien bewirken „kleine Krankheiten", große Schocks „große Krankheiten". Beispiel für eine kleine Aufregung: Eine Wespe fliegt jemandem unter das Hemd. Der Schock fährt ihm in die Glieder. Ein kleiner Schock mit allen Kriterien eines Biologischen Konflikts: Unerwartet, hoch-akut dramatisch. Schon nach wenigen Sekunden schwirrt das Insekt wieder ab. Weil der Stress nur ganz kurz gedauert hat, entsteht keine sichtbare Krankheit (zu wenig „Konfliktmasse").

Beispiele für schwere Konflikte: Jemand wird geprügelt, eine Frau wird vergewaltigt, eine Mutter verliert ihr Kind, ein Mann verliert seinen Arbeitsplatz, auf den er dringend angewiesen ist.

Solche Biologischen Konflikte laufen „am Verstand vorbei"! Es geht hier um nacktes Spüren und Empfinden. Es starten einige sog. Sonderprogramme, um die „Katastrophe" aus biologischer Sicht bestmöglich zu meistern. Durch den Schock werden Gehirn und Körper vom „Normal-Modus" auf „Sonder-Modus" hochgefahren.

Die Psychologie spricht in diesem Zusammenhang von „Dissoziation": Durch nicht verkraftete Ereignisse und Traumata können sich Bewusstseinsanteile lösen und zu einem Verlust der Konflikt-Erinnerung, gestörten Sinnes-Wahrnehmungen und letzten Endes zu Krankheiten führen. Man kann sich das so vorstellen: Ein Teil des Bewusstseins spaltet sich ab, „friert" an dem Ort des Geschehens ein und wartet quasi auf „Erlösung". Der Betroffene ist aufgerufen, diesen eingefrorenen Anteil zurückzuholen, d.h. zu re-integrieren (=Konflikt-Lösung). Dann ist er wieder ganz und heil.

Es wäre also angemessener nicht von „Krankheiten", sondern von sinnvollen Biologischen Sonderprogrammen zu sprechen. Der „kranke Zustand" sagt eigentlich nur aus, dass etwas im Körper „nicht stimmt", „nicht funktioniert", „abgenützt" oder „kaputt ist". Was wir schlechthin Krank-

heit nennen, ist in Wirklichkeit eine Ausnahmesituation –
Teil einer Überlebensstrategie der Natur.

Jedes Gewebe, jedes Organ hat ein „Normalprogramm"
für das standardmäßige Funktionieren im „geregelten Alltag" und ein „Spezialprogramm" für Ausnahme-Situatio-
nen, für „biologische Katastrophen".

Entscheidend ist nicht, was „an Katastrophen passiert",
sondern wie der Betroffene die Situation empfindet. Was
von außen oft harmlos aussieht, kann einen Menschen an
seiner schwachen Stelle tief verletzt haben. Umgekehrt
werden oft schwere Schicksalsschläge problemlos ver-
kraftet, die von außen wie ein schwerer biologischer Konflikt aussehen. Immer kommt es auf die individuelle
Seelenstruktur, auf Schwächen und Prägungen des Einzelnen an. Also Vorsicht mit Ferndiagnosen !!

Phase 2= Reparatur & Heilung

Wenn das Individuum den Konflikt lösen konnte, endet
die konflikt-aktive Phase und die Reparatur beginnt.
Während im Konfliktfall (Stress) der Sympathikus (=Ak-
tivitäts-Nerv) die Situation beherrscht hat, bestimmt jetzt
der Parasympathikus das Geschehen. Aus Dauer-Stress
wird Dauer-Müdigkeit. Merkmale: Entspannung, Ende
des Zwangs-Denkens, seelische Erleichterung, schwacher
Kreislauf, warme Hände, großes Schlafbedürfnis. Eine
solche Reparaturphase dauert max. sechs Monate. Wenn
sich die Reparatursymptome länger als ein halbes Jahr

168

hinziehen, liegt ein wiederkehrender oder nicht geheilter Konflikt vor.

Auf halber Strecke der Heilungsphase schlägt dann die Stunde der Wahrheit: Diese kurze „sympathikotone Zone" entscheidet bei schweren Krankheiten darüber, ob wir die „Kurve kratzen" oder nicht. Diese Heilungs-Krise ist die kritische Phase während des gesamten biologischen Sonder-Programms. Die prominenten Heilungskrisen sind der Herzinfarkt oder der epileptische Anfall. Manchmal wird in dieser Phase nochmals die Krise im Zeitraffer durchlebt. Durch die Krise wird das Ruder in Richtung Normalität herumgerissen. Im Gehirn und dem betroffenen Organ werden die Wasseransammlungen ausgepresst, die sich im ersten Teil der Reparaturphase angesammelt haben. Der zweite Teil der Heilungsphase ist deshalb durch vermehrte Wasserausscheidung geprägt. Damit geht eine rasche Besserung der Symptome einher.

Das Wissen um die oben beschriebene Zwei-Phasigkeit bringt Ordnung in die „Krankheiten": Es beginnt immer mit der konfliktaktiven Belastung, die früher meist übersehen wurde. In der zweiten Phase, der Heilung, wurden dann Krankheiten diagnostiziert und therapiert, die aber in Wirklichkeit Reparatur-Symptome waren.

Die wichtigsten Punkte auf dem Weg zur Erhaltung von Gesundheit sind die folgenden:

•Entsäuerung und/oder Entschlackungskur.

•Ausleitung von Toxin-Belastungen (z. B. Aluminium, Quecksilber, Impfgifte etc.)

•Darmreinigung inkl. Aufbau der Darmflora

•Gesunde basische bzw. basenüberschüssige Ernährung

•Vitalstoffmängel mit Nahrungsergänzungsmitteln ausgleichen

•Reines Wasser trinken (Stilles Quellwasser oder mit effektivem Wasserfilter gefiltertes Wasser)

•Bewegung

•Positive Haltung (körperlich und geistig)

•Richtige Atmung

•Entspannung

•Ausreichend erholsamer Schlaf

•Natürliche Körperpflege

•Abhärtung

•Ein Beruf, der Freude bereitet und

•Eine harmonische Partnerschaft

Da aus ganzheitlicher Sicht Erkrankungen von Biosystemen immer auf der Körper-, Geist- und Seelenebene stattfinden, war es auch in der Neuen Homöopathie nach Erich Körbler von Beginn an klar, dass – neben der Ebene der Meridiane/Ätherkörper – auch im Emotional- und Mentalkörper Heilimpulse gesetzt werden müssen. Körbler selbst (der Entwickler der NH) setzte dazu eine Methode ein, die geometrische Form Ypsilon in ihrer Gleichrichterfunktion zu verwenden. Dabei sprach der Patient sein emotionales und/oder mentales Problem, das der Therapeut in Zusammenhang mit seinem physischen Gebrechen vorher ausgetestet hatte, laut aus, kreuzte den Zeige- mit dem Mittelfinger der linken Hand und legte die rechte Handfläche an die rechte Schädelhemisphäre, die gemäß der Neuen Homöopathie den Speicher für alle akuten und chronischen Probleme darstellt. Auf diese Art und Weise wurden negative gedankliche und emotionale Fehlspeicherungen „gleich-gerichtet" und „ent-stresst", „um-geschrieben" und neu programmiert.

Die geometrische Form Y ist eine Wandlungsform, das Y wandelt unverträgliche, negative Informationsanteile in verträgliche, positive. Verträgliche, positive Informationsanteile werden hingegen nicht umgewandelt, sie werden in ihrer positiven Wirkung sogar noch verstärkt.

Dieser Effekt wird auch in der Technik genutzt. Y-Formen werden als Gleichrichterantennen eingesetzt. Aber auch Biosysteme kennen dieses Prinzip: Antikörper haben Y-Form, da sie sich durch die Positivladung an der Spitze des Y auf elektromagnetischem Weg in die DNS-Ketten von Viren und Bakterien einkoppeln und sie so unschädlich machen können.

Gesundes Leben kann nur entstehen, wenn sich ein dafür vorgesehener (morphogener) Speicher öffnet. In den meisten Fällen sind unsere Speicher mit negativen Informationen überfüllt.

Wir müssen also als erstes lernen, die Speicher zu leeren. Vor dem Aufnehmen neuer (positiver) Energien steht das „Loslassen und Aufgeben" alter „Verhaftungen".

Als Schutz eines Biosystems gegen Überfüllung seines Speichers hat die Natur das Vergessen geschaffen. Aber das Gedächtnis und die Erinnerung eines Lebewesens sind in jeder Zelle. Die Flucht ins sog. Vergessen ist immer nur eine Notlösung, mit der sich der Mensch arrangiert, um zu überleben. Das kann pathologische Ausmaße annehmen. Dazu gehören auch emotionale „Verhaftungen" an Ereignisse oder Menschen.

Der sicherste Weg, um die Speicher für Heil-Informationen zu leeren, ist das mentale Löschen über die offene Körperposition (Arme als Antenne nach unten richten), die Beine sind dabei geschlossen. Konzentrieren Sie sich auf den stattfindenden Informations-Abfluss, und zwar aus dem „Ganzkörper-Speicher".

Vertrauen Sie Ihrem Körper. Er signalisiert ihnen deutlich, wenn der Speicher leer ist. Sie fühlen sich leichter. Danach erfolgt dann das Aufnehmen informierter Energie.

Eine wichtige Stellung nimmt bei der Transformation der Energie das Sonnenzentrum (Solarplexus) ein. Dieses Chakra residiert zwischen Nabel und Brustbein. Auf der Körperrückseite schwingt es unterhalb der Lungenflügel. Dieses Chakra ist das emotionale Zentrum schlechthin; es ist einerseits Sammelstelle für alle niederen Energien und bildet andererseits das Tor des Astralleibes zur Außenwelt. Alle emotionalen Energien strömen durch den Solarplexus. Das harmonische Empfangen und Freisetzen seiner emotionalen Energie führt zur Reinigung und Harmonisierung des gesamten Biosystems.

Das „Ein- und Ausschalten" bzw. die sorgfältige Dosierung im Aufnehmen von Energien, die von außen auf einen Menschen einströmen, ist eine wichtige Übung. Wer ständig „offen" ist für andere Menschen, für Ideen, Vorschläge oder Kümmernisse, der gerät irgendwann wegen „Überfüllung" aus der Balance. Es geht das Gleichgewicht von Geben und Nehmen verloren. Wir sollten in jeder Situation bewusst entscheiden, wie viel, wann und in welchem Maße wir Energie/Emotionen von uns weg oder zu uns hin fließen lassen.

Ein unkontrollierter Solarplexus, der bildlich gesehen, sperrangelweit offen steht und bei dem sein Eigentümer jedem „Vorbeiziehenden" zuruft: Bitte nehmen Sie reichlich – dieser Mensch wird am Ende erschöpft und ausgelaugt seine Selbstbestimmung verlieren.

Heilgedanken

Heilung heißt: Veränderung der eingrenzenden, starren, festgefahrenen, unentwickelten Gedanken.

Positiv polarisierte Gedanken führen Energie zu, negativ polarisierte Gedanken ziehen Energie ab. Alles Sein im Kosmos unterliegt geistigen Gesetzen und dem Prinzip einer höheren Ordnung. Der sogenannte Zufall hat in diesem System keinen Platz. Gott, die Schöpfung, die Quelle allen Seins würfelt nicht (Albert Einstein).

Wenn unser freier Wille und der Master-Plan (Ur-Matrix) unseres geistigen Weges kollidieren, sich nicht in Resonanz befinden, geraten wir aus der feinstofflichen Balance, und das bedeutet immer Leid, Schmerz und Krankheit. Diese Symptome sind unsere Freunde, weil sie uns etwas anzeigen wollen: Heile Dich!!!

Negativprogramme auf der mentalen und emotionalen Ebene bewirken eine energetische Störung, welche ein Zuviel oder Zuwenig an Energie erzeugt.

Muster sind autonom ablaufende Mechanismen, mental bzw. emotional körperlich anhaftende und ausgeführte Rituale des Lebens. Ein Muster hat also immer Ritual-Charakter. Muster zu ändern heißt, Rituale zu verändern. Das innere Kind hängt am Ritual, weil es subjektive Handlungssicherheit gibt.

Jede Störung hat ihre Ursache in einem alten, negativ polarisierenden Programm. Jedes Programm und damit jede Störung kann gedanklich und gefühlsmäßig verändert und damit speichertechnisch umgeschrieben, zumindest aber reduziert werden. Meistens sind es „unerledigte Hausaufgaben", die als Ursache für Krankheit auf der feinstofflichen Ebene beginnen.

Eine Krankheit ist immer ein Warnsignal, das auf einen selbstgewählten Selbstzerstörungsprozess hinweist- ein Ruf des Körpers nach Veränderung.

Jede Krankheit beginnt deshalb zuerst im Kopf. Krankheit signalisiert inneres und äußeres Ungleichgewicht.

Die intensivste Energieverdichtung nach der Spiritual-Ebene weist die Mental-Ebene auf. Hier sind der freie menschliche Wille und die Gedankenimpulse angesiedelt. Sind diese negativ ausgerichtet, drehen sie nach links, was dazu führt, dass die parallel ausgerichtete Ätherebene ebenfalls nach links dreht. Das führt zum Abfließen von Energie.

Ob wir mit heilenden, rechtspolaren Informationen in Kontakt treten können, liegt an der Struktur, der Ausrichtung unseres Mentalkörpers. Ist dieser durch negative Muster und Gedanken linksdrehend, kann keine Resonanz zu den kosmischen Heilenergien erfolgen. Jede Therapie wäre dann zwecklos.

Wir heilen durch unseren Geist, durch die Kraft der Gedanken, durch Transformation von polaren Störschwingungen in harmonische, kohärente elektro-magnetische Frequenzen. Hier bedienen wir uns, wie weiter hinten beschrieben, „mentaler Umschreibprogramme", der Zahlenmystik, der kosmischen Geometrie in Form von Farben, Tönen und Symbolen.

Im morphogenetischen Feld gibt es negative Basis-Programme, die wir als „künstliche Matrix" bezeichnen. Mit diesen Feldern treten wir immer dann in Resonanz, wenn das Schwingungspotenzial in uns selbst ein negatives Resonanzverhalten zeigt. Die stärksten Energie-Fresser sind Perfektionismus, Zweifel, Ängste, Sorgen, Stress und Zeitdruck.

Daneben gibt es die Ur-Information (Göttliche Matrix), unsere ursprüngliche Blaupause. Dort herrschen ausschließlich ausgeglichene Schwingungspotentiale, positiv ausgerichtete Programme, mit denen wir dann in Resonanz treten und deren Heilenergie aktivieren können, wenn wir:

1.	den festen Willen haben, starre, negative Muster abzulösen,

2.	den festen Glauben haben, dass eine Veränderung stattfinden kann,

3.	nach den kosmischen Gesetzen bewusst und nachhaltig handeln,

4.   Informations-Transfer auf Wasser/Globuli.

Der neue Energieträger (Symbol/Farbe/ Komplementär-
zahl, etc.) befindet sich in der linken Hand, das gefüllte
Wasserglas in der rechten. Beine schulterbreit auseinander
(geöffnete radionische Position). Mentale Konzentration
auf den Prozess!

Informationsübertragung: „Ich übertrage alle Informationen, die das Symbol/Farbe/etc. für mich bereit hält, auf das
Wasser in diesem Glas. Die Information fließt über meinen linken Arm durch meinen Körper und wird von den
Wassermolekülen aufgenommen und gespeichert. Alle
wichtigen Schwingungsfrequenzen werden dabei auf das
Wasser übertragen. Keine nützliche Information geht dabei verloren. Das Informationspotenzial in den Wassermolekülen erreicht 100 Prozent.“

Die vorstehenden Gedanken/Sätze werden ca. 4-5 mal
wiederholt, und nach rd. 3-4 Minuten ist der Vorgang be-
endet. Danach wird der Informationsgehalt des Wassers
mittels Tensor/Pendel überprüft. Liegt das Transfer-Po-
tenzial unterhalb von 100 Prozent, sollte der Prozess solange fortgesetzt werden, bis das Maximum erreicht ist.

Zellwasser programmieren

Unser Zellwasser - auch das "Elexier des Lebens" genannt
- ist das Wasser im inneren jeder lebenden Zelle - und
diese besitzt eine ganz besondere Struktur - sollten Sie

Probleme mit der Gesundheit haben - so ist generell das Zellwasser nicht in der göttlichen Ordnung.

Ich mache mir zuerst die MACHT und die KRAFT MEINER Gedanken bewusst:

ICH KANN ALLES!

Mit dieser Technik können wir unser Zellwasser programmieren:

- Bitte die Erdungsengel - Dich auf allen Ebenen zu erden.

- Gehe in die Mitte Deines Herzens.

- Fühle die LIEBE - WÄRME und die GEBORGENHEIT Deines Herzens - und sei Dir bewusst - DU BIST verbunden mit ALLEM WAS IST.

- Aktiviere nun durch Deine Absicht Deinen Herzensstrahl.

- Verbinde Deinen Herzensstrahl mit Deinem Zellwasser (Alles ist göttliche Magie - gehe in diese Absicht - und es geschieht).

- Sende nun einige Minuten lang - Deinem Zellwasser die LIEBE DEINES Herzens zu.

Sage jetzt:

ALLES WAS ICH DENKE - GESCHIEHT -

ALLES WAS ICH DENKE - GESCHIEHT -

ALLES WAS ICH DENKE - GESCHIEHT -

ICH KANN - MIT MEINEN EIGENEN LIEBEVOLLEN GEDANKEN - ALLES ERREICHEN - UND ALLES UMPROGRAMMIEREN - SO WIE ICH ES MÖCHTE - ODER HABEN WILL .

ALLES GESCHIEHT GENAU SO - WIE I C H ES MÖCHTE.

JA - ALLES KANN NUR DUCH MEINE ABSICHT GESCHEHEN –

Matrix-Zahl

Wisse - alles ist Energie!

Jeder Buchstabe – jedes Wort – jeder Mensch – jede Pflanze – jede Farbe - jede Firma - jedes Nahrungsmittel - und auch jede Zahl - oder Zahlenfolge - und vieles mehr - Alles strahlt - seine ureigene Energie - und Schwingung aus! Meine Gedanken formen Worte und Sätze – und diese Worte und Sätze folgen ihrer eigenen Energie. Sie werden durch ihre Schwingung ins Universum gesendet - und kommen dann - als Realität - wieder zu uns zurück. Auch jede einzelne Zahl - trägt ihre ureigene Schwingung in sich. Alles schwingt hinaus ins Universum.

297 0 792

Diese Zahl wurde aus dem göttlichen UR-Licht-Code geboren. Sie wandelt alles Negative - ins Positive um!

Hier einige Beispiele - und auch für das Kollektiv - an die wir den Licht-Matrix-Code senden können:

- die Zahl auf ein belastetes Organ schreiben - oder mental setzen.

- Medikamenten-Nebenwirkungen aufheben - hierzu den Matrix-Code auf die Medikamenten Packung - und aufs Medikament selbst schreiben.

- zu einem unwohlen Gebiet wie z.B. einem Krisen- oder Kriegsgebiet „senden".

- zu SYSTEMEN wie Finanzämter - Gerichte - Staatsanwaltschaften - Richtern - Rechtsanwälte - Krankenkassen - Krankenhäuser – Senioren-Residenzen - Kirchen - Vatikan - Schulen etc. - senden - um diese ins Positive - und Gute zu wandeln.

- zur Heilung unseres Planeten.

- Lebensmittel energetisieren.

- in den Geldbeutel legen.

- an eine Person - die Hilfe - in irgendeiner Art benötigt.

- zu Personen - mit denen wir in Streitigkeiten verwickelt sind.

- an WLAN-Router - Mikrowelle - oder andere Geräte, die Strahlung verursachen.

Weitere Matrix-Zahlen:

Harmon-Y	71 0 42
Sehr starke De-Blockierung	188 43 21
POWER pur	101 529 72 93 510
Schnelle Hilfe	93 81 79
Gegen Abhängigkeiten	14 14 551
Finanzielle Fülle	31 87 98
Harmonisierung der Finanz-Lage	714 273 218 93
Fragen & Probleme lösen	25 122 004
Heilung von allen Zell-Schäden	33 45 634
Heilung offener Wunden	44 56 789
Bewusstseins-Erweiterung	188 88 88 9 1
Drittes Auge öffnen	88 188 188 1
Unfallfrei Auto fahren	11179

Heilende Kraft der Vergebung

Wovon das Herz voll ist, davon spricht der Mund, heißt es in der Bibel. Wahre Umkehr beginnt also im Kopf. Wir müssen neu denken, umdenken. Und genau das ist eine schwierige Aufgabe.

Unendlich viel Lebensenergie ist in unserem Leben an „alte Geschichten" gebunden! Wie oft sehnen wir uns danach, anhaltenden Groll, Ärger oder alte Verletzungen wieder loslassen zu können! Trotz tiefstem Wunsch und bester Absicht gelingt das oft nicht. Es ist, als ob wir zwischen zwei Stühlen säßen: Auf der einen Seite versuchen wir loszulassen, wollen vergeben, auf der anderen Seite geben wir anderen die Schuld an dem, was uns geschieht.

Als Christen dient uns die Bibel als Anleitung in unseren Bemühungen, die Themen Vergebung und Rache aus der Perspektive Gottes zu verstehen. In Lukas 17, Vers 3 lesen wir: „Wenn dein Bruder sündigt, so weise ihn zurecht; und wenn er es bereut, vergib ihm. Und wenn er siebenmal am Tag an dir sündigen würde und siebenmal wieder zu dir käme und spräche: Es reut mich! So sollst du ihm vergeben."

Es ist nicht der Schmerz, der unser Leid erzeugt, sondern unsere Abwehr, den Schmerz zu fühlen. Lassen wir diese Energie los, fühlen wir noch einmal bewusst den ganzen

Schmerz, erst dann kann Heilung und Transformation beginnen. Außerdem wird die „alte Geschichte" auseinander genommen, Tatsachen werden von Interpretationen und Bewertungen getrennt.

Die irrtümlich entstandenen Überzeugungen, auf denen wir unser Leben aufgebaut haben, lösen sich auf. Die alte „Geschichte" fällt in sich zusammen. Fühlend erkennen wir, dass unser Lebenszustand das Ergebnis unserer Überzeugungen und Projektionen ist.

Jetzt wird der Perspektivenwechsel möglich, und die Bereitschaft zu sehen, dass das Erlebte genau das war, was wir erfahren mussten, weil wir es – von einer höheren Sicht aus – erfahren wollten, um noch unbewusste Muster zu erkennen und zu heilen. Opferverträge lösen sich auf. Dankbarkeit, Mitgefühl und Liebe kommen wieder in Fluss. Zuletzt integrieren wir diesen Wandel durch Körper- und Atemarbeit auf der Zellebene. So werden wir frei, mehr und mehr unser wahres Potenzial zu leben.

Hier ein sehr eindrucksvolles Beispiel, wie Vergebungs-Rituale ablaufen können. Wenn ein Stammesmitglied der Babemba aus Südafrika ungerecht gewesen ist oder unverantwortlich gehandelt hat, wird er in die Dorfmitte gebracht, aber nicht daran gehindert wegzulaufen. Alle im Dorf hören auf zu arbeiten und versammeln sich um den "Angeklagten". Dann erinnert jedes Stammesmitglied, ganz gleich welchen Alters, die Person in der Mitte daran, was sie in ihrem Leben Gutes getan hat. Alles, an das man sich in Bezug auf diesen Menschen erinnern kann, wird in allen Einzelheiten dargelegt. Alle seine positiven Eigenschaften, seine guten Taten, seine Stärken und seine Güte werden dem "Angeklagten" in Erinnerung gerufen. Alle, die den Kreis um ihn herum bilden, schildern dies sehr ausführlich. Die einzelnen Geschichten über diese Person werden mit absoluter Ehrlichkeit und großer Liebe vorgetragen.

Es ist niemandem erlaubt, das Geschehene zu übertreiben, und alle wissen, dass sie nichts erfinden dürfen. Niemand ist bei dem, was er sagt, unehrlich und sarkastisch. Die Zeremonie wird so lange fortgeführt, bis jeder im Dorf mitgeteilt hat, wie sehr er diese Person als Mitglied der Gemeinde schätzt und respektiert. Der ganze Vorgang kann mehrere Tage dauern.

Am Ende wird der Kreis geöffnet, und nachdem der Betreffende wieder in den Stamm aufgenommen worden ist, findet eine fröhliche Feier statt.

Wenn wir durch die Augen der Liebe sehen, wie es in der Zeremonie so schön sichtbar wird, entdecken wir nur Vergebung und den Wunsch nach Integration. Alle Mitglieder des Kreises und die Person, die in der Mitte steht, werden daran erinnert, dass durch Verzeihen die Möglichkeit gegeben wird, die Vergangenheit und die Angst vor der Zukunft loszulassen. Der Mensch in der Mitte wird nicht länger als schlecht bewertet oder aus der Gemeinschaft ausgeschlossen. Stattdessen wird er daran erinnert, wie viel Liebe in ihm steckt und dann wieder in die Gemeinschaft integriert!

Das Leben hält hier und anderswo ständig Verletzungen für uns bereit. Aber was wäre, wenn diejenigen, die uns am meisten verletzen und wehtun, auf einer höheren Ebene unsere innigsten Freunde sind? Und wenn das so ist: Wie können wir dann unsere Beziehungsprobleme, unseren täglichen Ärger in Liebe und Mitgefühl transformieren?

Eines ist im Zusammenhang mit dem Thema "Vergeben" ganz wichtig: Wenn wir den Groll, die Wut oder die Trauer der Verletzung loslassen, heißen wir damit das, was der andere getan hat, nicht automatisch für gut. Verletzungen kann man nicht einfach wie einen alten Mantel in den Schrank hängen oder wegwerfen. Wir können es nach wie vor "falsch" finden, "niederträchtig", "unangemessen", "kriminell" oder was auch immer. Aber erst dort, wo eine tatsächliche Schuld entsteht, hat Vergebung einen Sinn. Schuld, die nur auf einer Illusion oder Fantasie beruht, kann nicht vergeben werden.

Die stärkste Form ist die Methode der „Radikalen Vergebung". Sie ermöglicht uns eine Abkehr vom allzu vertrauten Opfer-Gefühl: Was wäre, wenn alles, was uns im Leben widerfährt, einen Sinn hätte? Wenn unsere Widersacher für uns „heilende Engel" sind, die uns in diesem Leben bei unseren Lernaufgaben unterstützen? Die Annahme, dass alles, was in unserem Leben geschieht, dem Wachstum unserer Seele dient, ist für Menschen, die schmerzhafte Erfahrungen gemacht haben, eine große Herausforderung.

Diejenigen, die so viel Mut und Kraft aufbringen, diesen Gedanken zuzulassen, erleben mit der radikalen Vergebung eine tiefe und befreiende Veränderung.

Entwickelt wurde sie von Colin C. Tipping, der als Therapeut, Autor und Lehrer arbeitet. 1997 erschien in den USA sein Buch "Radical Forgiveness - Making Room for the Miracle", das 2004 beim J. Kamphausen-Verlag unter dem Titel „Ich vergebe – Der radikale Abschied vom Opferdasein" verlegt wurde und sich zu einem Bestseller entwickelt hat. Dazu trägt bei, dass es nicht notwendig ist, an diesen radikalen Ansatz dieser Methode zu glauben. Keiner von uns ist ständig in der Lage, an einen „göttlichen Plan" hinter der Not und Gewalt zu glauben, die täglich viele Menschen erfahren. Solange wir aber die Bereitschaft aufbringen, sogar in schmerzhaften Erfahrungen die Chance zu Wachstum und Heilung zu sehen, ist eine grundlegende Veränderung möglich: Der Abschied vom Opfer-Dasein.

So unbequem der Gedanke sein mag, dass unsere Probleme in uns selbst liegen und nicht im Außen zu suchen sind, so plausibel und unterstützend ist die Arbeit mit der Tipping-Methode. Die Anwendung der „Werkzeuge" der Radikalen Vergebung bedeutet nicht, dass wir danach von allen Sorgen befreit wären und das Problem nie wieder auftreten kann. Wir haben aber einen entscheidenden Schritt getan, der uns die Loslösung vom Opferbewusstsein ermöglicht.

Der Schlüssel liegt in unserer Bereitschaft, die Vollkommenheit in jeder menschlichen Interaktion anzunehmen – auch wenn wir sie (noch) nicht sehen können. Dieses „so tun als ob" entlastet uns auch von dem Druck, alles verstehen zu müssen und bringt uns gleichzeitig auf den Weg.

Oft kann schon eine kleine Veränderung der Sichtweise vieles verändern. Dazu gehört die Annahme, dass das, was in unserem Leben geschieht, dem Wachstum unserer Seele zu dienen vermag. Das gilt vor allem bei schwerwiegenden und schmerzhaften Erfahrungen. Und diejenigen, die bereit sind diesen Gedanken zuzulassen, erleben mit der Tipping-Methode eine nachhaltige, spürbare Befreiung.

Es geht darum, sich der ungeheilten Anteile bewusst zu werden, dann hören Schuldzuweisungen auf. Wir erkennen, dass wir einander dienen in der Notwendigkeit, Erfahrungen zu machen. So gesehen geschieht alles vollkommen so, wie wir es von einer höheren Ebene aus betrachtet für unser spirituelles Wachstum brauchen.

Wir sind also herausgefordert, unsere Wahrnehmung von der Welt und die Deutung unserer Erlebnisse radikal zu ändern. Wir opfern nicht, sondern wir gewinnen. Und dazu müssen wir unser Denken verändern. Der kleinste Funken Bereitschaft, den Prozess zu durchlaufen, genügt, um dessen Wirksamkeit unmittelbar zu erfahren und zu fühlen.

Klar strukturierte und hoch wirksame Prozesse bewirken, dass uns die in unseren alten und gegenwärtigen „Geschichten" gebundene Energie bewusst wird. Wir erzählen – zunächst aus der Opferrolle – unsere Geschichte, so wie sie unserer gegenwärtigen Wahrheit entspricht. Dabei beginnen wir einen Teil des Schmerzes zu fühlen, dessen Unterdrückung die Energieblockade verursachte. ABER, um mit den Worten von Martin Luther King zu sprechen: „Vergebung ist keine einmalige Sache, Vergebung ist eine Haltung und ein Lebensstil".

Erlernte Hilflosigkeit

Erlernte Hilflosigkeit bezeichnet das Phänomen, dass Menschen und auch Tiere nach Erfahrungen der Hilflosigkeit oder Machtlosigkeit ihr Verhaltensrepertoire dahingehend einengen, dass sie diese als unangenehm erlebte Zustände nicht mehr abstellen, obwohl sie es objektiv betrachtet könnten.

Die Unfähigkeit, selbst einfachste Problemstellungen zu bewältigen, nennt man "erlernte Hilflosigkeit", ein Begriff aus der Psychologie, der Handlungsunfähigkeit umschreibt, die quasi eingebildet ist. Man könnte das Problem bewältigen, aber von den Betroffenen wird die Situation als aussichtslos empfunden, etwas, was man halt nicht ändern kann. "Die da oben machen doch sowieso was sie wollen."

Die Theorie der gelernten Hilflosigkeit wurde seit den 60er Jahren von Martin Seligman entwickelt. Damals forschte Seligman im Bereich der konditionierten Bestrafung von Tieren. In der Vorphase des klassischen Experiments erhielten Hunde, die sich in einer Art Aufhängung befanden, Stromstöße an die Pfoten. Diesen Stromstößen konnten die Hunde nicht ausweichen. Anschließend wurden die Tiere in eine Box gesetzt, die in zwei Teile aufgeteilt war und durch eine kleine Barriere getrennt waren (sogenannte "shuttle box"). In der einen Hälfte erhielten die Hunde wieder Stromstöße, in der anderen jedoch nicht. Die Tiere konnten den Stromstößen also entkommen, wenn sie von einem Teil ins andere wechselten. Es zeigte sich aber, dass viele Hunde diese Fluchtmöglichkeit nicht nutzten, sondern sich stattdessen in dem Teil, in dem sie Stromschläge erhielten, niederkauerten und winselten.

Tiere, die in der Vorphase keine Stromstöße an die Pfoten erhalten hatten, wechselten dagegen von einem Teil ins andere.

Während der Begriff und das damit verbundene Phänomen in der Psychiatrie heute eher auf Situationen wie z. B. in Pflegeheimen angewendet wird, kann man als kritischer Geist überall in der Gesellschaft Orte ausmachen, in denen es sich Menschen in unserem Sozialsystem "gemütlich" gemacht haben.

Hat erlernte Hilflosigkeit in einer Gruppe erst mal eine kritische Masse erreicht, verstärkt sich der Effekt mit einer drastischen Reduktion der kollektiven Intelligenz dieser Gruppe.

Es lohnt sich, einen Moment die „Erlernte Hilflosigkeit" genauer anzuschauen. Dieses psychologische Phänomen stellt in der Tat ein Grunddilemma des modernen Menschen dar. Ein Beispiel soll das verdeutlichen:

Man nehme einen Hund und bringe ihm ein Kunststück bei. Wenn er das Kunststück erfolgreich absolviert, bekommt er eine Belohnung. Das wiederholt man so oft, bis der Hund weiß: Wenn ich das Kunststück mache, kriege ich ein Leckerli. Das nennt man Kontingenzregel und ist ein wichtiger Bestandteil auch unserer menschlichen Lernfähigkeit. Auf gewisse Dinge im Leben muss man sich verlassen können, damit man sie nicht mehr überprüfen muss: Herdplatte = heiß. Wenn wir nämlich alles und jedes ständig auf seine Gültigkeit überprüfen müssten, kämen wir gar nicht mehr zum Leben. Bestimmte Dinge lernen wir und speichern sie ab – fertig. "Wasser ist nass, der Himmel ist blau, Frauen haben Geheimnisse", wusste etwa schon Action-Star Bruce Willis.

Zurück zu unserem Hund. Nachdem er gelernt hat, dass er für sein Kunststück eine Belohnung bekommt, machen wir Folgendes: In unregelmäßigen Abständen belohnen wir den Hund nicht für sein Kunststück, sondern bestrafen ihn, zum Beispiel durch Schläge. (Die Hundeliebhaber mögen mir an dieser Stelle verzeihen. Mein Hund ist Gott sei Dank theoretischer Natur und hat außer dem Erdulden meiner Gehirnwindungen nicht viel zu leiden.)

Was passiert? Der Hund ist verwirrt, er kann keine logische Verbindung mehr ziehen zwischen dem Kunststück (seiner Arbeitsleistung) und der Belohnung (dem Erfolg). Die Kontingenzregel wird gebrochen. Erhält man diesen Zustand von unkontrollierbarer Belohnung und Bestrafung aufrecht, wird sich der Hund irgendwann nur noch wimmernd in die Ecke legen und gar nichts mehr machen, weil die berechenbare Grundlage seines Handelns verschwunden ist. Er kann sich nicht mehr darauf verlassen, für sein Kunststück eine Belohnung zu bekommen. Vielleicht wird er sogar noch bestraft! Das Ende vom Lied: Verwirrung, Resignation, Rückzug, Überforderung.

Wir Menschen reagieren manchmal nicht anders als der Hund, wenn auch auf einem höheren und komplexeren Niveau. Die Kunststücke des Hundes sind unsere täglichen Arbeitsleistungen. Die Belohnungen bestehen aus Gehalt, Popularität, einem schöneren Büro, Status etc. Alles gut, soweit die Kontingenzregel gilt.

Doch immer öfter wird sie gebrochen. Immer mehr arbeitende Menschen haben das Gefühl, es gar nicht mehr in der Hand zu haben, ob sie ihren Arbeitsplatz behalten oder nicht. Sie sehen sich einer bestrafenden Willkür ausgeliefert, mit wechselnden Bezeichnungen: Globalisierung, Restrukturierung, Management, Zeitarbeit. In der Folge resignieren diese Menschen, machen Dienst nach Vorschrift oder entwickeln konkrete Burn-out-Symptome. Sie haben das Gefühl, die Kontrolle über ihren Arbeitsplatz – und damit über ihr Leben – zu verlieren. Nach dem Motto: Was soll ich mich groß anstrengen? Ich habe es doch sowieso nicht in der Hand. „Die da oben" entscheiden doch.

Aus dieser Resignation entsteht über Wochen, Monate, Jahre hinweg ein Dauer-Alarmzustand für das Gehirn, ein ständiges „Auf-der-Lauer-Liegen". Stress vom Allerfeinsten. Als ob man sogar in der geschützten Höhle noch Angst vor dem Säbelzahntiger hat. Und dieser latente, dauerhafte Stress ist unbestritten ein Hauptfaktor für Burnout und Depression.

Seligmann vertrat am Ende seiner Forschungsreihen die Meinung, dass viele Menschen in ihrem bisherigen Leben nicht gelernt haben, Einfluss auf ihr Schicksal zu nehmen. Ist so eine Einstellung stark ausgeprägt, bezeichnet man die Person als Pessimist. Pessimisten gehen häufig davon aus, dass sie Aufgaben und Probleme nicht bewältigen können, und dass sie mit ihrem Handeln nichts oder nur wenig bewirken.

Bei Optimisten ist das Gegenteil der Fall. Sie haben gelernt, dass sie Aufgaben oder Probleme durch tatkräftiges Handeln bewältigen bzw. lösen können.

Stellt man einem Optimisten und einem Pessimisten exakt die gleiche Aufgabe, so geht der Optimist davon aus, dass er sie bewältigen kann, während der Pessimist das Gegenteil annimmt. Dabei gehen den Optimisten und den Pessimisten die folgenden oder ähnliche Gedanken durch den Kopf:

Optimisten:

•"Das wird schon klappen."

•"Das schaffe ich schon."

•"Das haben schon Dümmere geschafft."

•"Irgendwie wird des schon gehen."

Pessimisten:

•"Das funktioniert sowieso nicht."

•"Ich kriege das einfach nicht hin."

•"Bei mir klappt das nie."

•"Das schaffe ich nicht."

Die Optimisten sind mit ihrer Vorgehensweise natürlich wesentlich erfolgreicher. Selbst in fast aussichtslosen Situationen versuchen sie wenigstens, aktiv eine Lösung zu finden. Für uns hat die Positive Psychologie die gute Nachricht, dass eine - oft bereits in der Kindheit - erlernte Hilflosigkeit, auch wieder verlernt werden kann. Leider ist dieser Prozess für den Erwachsenen deutlich mühsamer als das Lernen in der Kindheit. Bei vielen Betroffenen sind die Mechanismen von Erwartung, Handeln, Aufgeben und Weitermachen sehr tief verwurzelt. Es braucht also Willenskraft und Ausdauer, um die Welt (wieder) mit anderen Augen zu betrachten.

„Für das Können gibt es nur einen Beweis: das Tun", sagt Marie von Ebner-Eschenbach. Leicht gesagt; denn nicht immer kann man sein Potenzial auch ohne weiteres umsetzen. Das frustriert und nagt am Selbstbewusstsein. Aber das muss ja nicht so bleiben. Manchmal ist es wichtiger, etwas im Kleinen zu tun, als im Großen darüber zu reden.

Oder, wie Johann Wolfgang von Goethe es einmal formulierte: Es kommt nicht aufs Denken, es kommt aufs Machen an. Der Worte sind genug gewechselt, lasst mich auch endlich Taten sehn! Indes ihr Komplimente drechselt, kann etwas Nützliches geschehn.

Resilienz-
Was Menschen stark macht

Der Begriff hat seinen Ursprung im lateinischen Verb „resilire", was so viel wie „zurückspringen" oder „-ab" bedeutet. Wer also im Zusammenhang mit geistiger Gesundheit das Wort „Resilienz" verwendet, spricht über die psychische Widerstandsfähigkeit, über die ein Mensch verfügt. Auf den Menschen übertragen bedeutet das, dass wir uns unter Druck schon mal biegen und anpassen, dass wir jedoch immer wieder - wie ein Stehaufmännchen - zurück in die Senkrechte kommen.

Resilienz ist für manche inzwischen schon ein Modewort geworden, andere kennen den Begriff noch nicht. Er dürfte aber, was unsere Arbeitswelt anbelangt, immer wichtiger werden.

Widerstandsfähige Menschen sind eher in der Lage, persönliche Rückschläge zu verkraften oder berufliche Krisen konstruktiv zu bewältigen. Und sie gehen aus solchen Tiefs eher gestärkt als geschwächt hervor. Deshalb hadern resiliente Menschen nicht oder jammern – weder über das Wetter, die Umstände oder über andere Menschen. Wenn etwas nicht veränderbar ist, dann akzeptieren sie das und versuchen das Beste daraus zu machen. Ein schöner Spruch dazu lautet: „Wenn Dir das Leben Zitronen schenkt, mache Saft daraus."

Resiliente Menschen stellen sich Herausforderungen, dabei nutzen sie ihre Stärken und achten auf ihre Grenzen. Sie fragen nicht nach Schuldigen, wenn zum Beispiel Fehler passiert sind, sondern bringen die Angelegenheit wieder in Ordnung.

Dass die heutige Arbeitswelt krank machen kann, ist schon viel diskutiert worden. Die Fehlzeiten wegen psychischer Leiden sind in Deutschland von rund 30 Millionen Tagen im Jahr 2001 auf zuletzt mehr als 60 Millionen gewachsen. Nicht umsonst hat die Weltgesundheits-Organisation (WHO) den Stress zu "einer der größten Gefahren des 21. Jahrhunderts" erklärt.

Seit Neuestem aber gibt es in Sachen Stress eine besonders raffinierte Wendung: Nicht nur in der Bevölkerung, auch bei Arbeitgebern ist das Thema Resilienz angekommen - jene faszinierende psychische Widerstandskraft, die Menschen dazu befähigt, Stress auszuhalten, Krisen zu überwinden und nach Niederlagen wieder aufzustehen. Unreflektiert wird „Resilienz" von den Mitarbeitern eingefordert und wer sie nicht liefert, wird als Schwächling stigmatisiert.

Es gibt Kinder, die unter außerordentlich schlechten Bedingungen, wie z. B. Armut, Arbeitslosigkeit der Eltern oder Gewalterfahrungen, aufwachsen und sich entgegen aller Erwartung erstaunlich positiv und kompetent entwickeln. Was macht diese Kinder stark? Was hält sie gesund? Was gibt ihnen die Kraft, nicht nur zu überleben, sondern sogar gestärkt aus diesen schwierigen Lebensbedingungen hervorzugehen?

Ob und wenn ja wie stark das betroffene Kind unter negativen Entwicklungsfolgen zu leiden hat, hängt auch davon ab, wie lange es den gefährdenden Lebensumständen ausgesetzt war. Zwar kann Resilienz ein Kind, wie in dieser Schrift aufgezeigt wird, vor einer Traumatisierung schützen, dies jedoch nur bis zu einer gewissen Grenze bezüglich Stärke und Dauer der Belastung. So zeigen „50% der Säuglinge, 40% der Kleinkinder und nur noch 20% der Vorschulkinder resilientes Verhalten". (Corina Wustmann: Resilienz-Widerstandsfähigkeit von Kindern in Tageseinrichtungen fördern, 2004, Seite 27)

Resilienz-Forschung

Studien zufolge haben Kinder, welche als resilient gelten, bereits im frühen Alter typische Eigenschaften und Verhaltensweisen gezeigt, die häufig mit einer widerstandsfähigen und starken Persönlichkeit einhergehen. Im Kleinkindalter wurden diese Kinder bereits als aktiv, liebevoll, „pflegeleicht", fröhlich und aufgeschlossen beschrieben.

Im Vergleich zu anderen gleichaltrigen Kindern waren sie motorisch und sprachlich gut entwickelt und weniger auf fremde Hilfe angewiesen.

Mit zehn Jahren besaßen sie bessere Fähigkeiten bezüglich des Lösens praktischer Probleme, waren hilfsbereiter, eher dazu in der Lage stolz auf sich zu sein und konnten besser lesen als die Kinder, welche ähnlichen Risiken ausgesetzt waren und später Verhaltensstörungen zeigten oder Lernprobleme hatten.

„Im fortgeschrittenen Jugendalter hatten die Probanden einen gewissen Glauben und Vertrauen in sich und die eigenen Fähigkeiten entwickelt sowie realistische und ‚hohe' Ziele für ihre berufliche Zukunft". (Welter-Enderlin und Hildebrand 2006: Seite 31-32)

„Sie neigten dazu, Probleme aktiv zu bewältigen, vorausschauend und optimistisch zu denken, erbrachten gute Schulleistungen, verfügten über eine gute Planungsfähigkeit, hatten vielfältige Freizeitinteressen und konnten gut ihre Gefühle ausdrücken".(H. Jaede 2007: Seite 45)

All' diese Eigenschaften und Fähigkeiten haben vermutlich zum Schutz vor einer psychischen Beeinträchtigung durch widrige Lebensumstände beigetragen. Weiter hat man festgestellt, dass Schule für viele Kinder ein wichtiger „Zufluchtsort" ist. Gründe dafür können sein, dass dem Kind hier Aufmerksamkeit und Interesse entgegengebracht werden, dass hier Kontakt zu anderen Kindern besteht oder aufgrund von Erfolgserlebnissen, die es dort hat.

Freier Wille - Fiktion oder Realität

Haben wir einen freien Willen, oder ist jede unserer Entscheidungen vorherbestimmt? Das Problem des Determinismus ist wohl eines der am meisten diskutierten in der Geschichte der Philosophie.

Bereits unter den Schriften der antiken Philosophen finden sich Abhandlungen zu dieser Thematik; das mittlerweile vorhandene Schrifttum ist kaum mehr zu übersehen.

„Der Mensch ist frei (geboren), doch überall ist er in Ketten." Mit dieser These begründete u. a. Rousseau die politische Aufklärung.

Er wollte nicht länger zusehen, wie der Geist des Menschen in einem selbst geschaffenen Gefängnis verkommt. Die Aufklärung richtete sich gegen die Schranken, die dem Denken durch die Religion gesetzt wurden, und proklamierte, neben der Besinnung auf den Verstand, den freien Willen des Menschen.

An der Schwelle des 21. Jahrhunderts gibt es Hinweise, die darauf deuten, dass der Mensch an diesen freien Willen nicht mehr recht glaubt, sondern dass alles vorbestimmt ist. Die Wissenschaft findet Hinweise darauf in seiner

Genetik, und zahllose prägende äußere Einflüsse lassen ebenfalls einen berechtigten Zweifel an der Willensfreiheit des Individuums aufkommen.

Können wir unser zukünftiges Leben überhaupt nach unseren Vorstellungen beeinflussen oder ist unsere Zukunft quasi schicksalhaft vorherbestimmt? Die Theorie des Determinismus gründet auf der Erkenntnis, dass unsere Welt nach Gesetzmäßigkeiten funktioniert.

Jedes Ereignis ist als Wirkung bestimmter Ursachen eindeutig bestimmt und ist selbst wiederum, im Zusammenspiel mit anderen Ereignissen, Ursache weiterer Wirkungen. Davon ausgehend folgt die generelle Einsicht, dass künftige Ereignisse durch vorhergehende bereits eindeutig bestimmt sind.

Unterstützung erhalten die Philosophen überraschenderweise von ganz anderer Seite: von den Hirnforschern. Diese haben aus ihren Experimenten einen Schluss gezogen, den die meisten von uns als haarsträubend empfinden: Die Menschen haben keinen freien Willen! Haarsträubend deshalb, weil der freie Wille zu den Grundfesten des Menschseins gehört. Die Tatsache, dass wir nicht wie ein Automat unseren Instinkten unterworfen sind, unterscheidet uns doch wesentlich von den Tieren.

Dennoch: Wenn die Welt vorherbestimmt ist, kann es keinen freien Willen geben. Wenn die Zukunft schon festgeschrieben ist, können wir noch so lange über eine Entscheidung nachdenken – zu welchem Ergebnis wir auch immer kommen, es hat schon vorher festgestanden.

Eine entmutigende Perspektive, die den berühmten Physiker Sir Arthur Eddington zu dem Ausspruch veranlasst hat: „Welchen Sinn hat es, mit mir heute zu ringen, ob ich das Rauchen aufgeben soll, wenn die Gesetze des physischen Universums für morgen bereits eine Materiekonfiguration vorsehen, die aus einer Pfeife, Tabak und Rauch besteht, verbunden mit meinen Lippen?“

Interessanterweise leben die meisten Menschen mit einer widersprüchlichen Weltauffassung – ohne dass sie damit große Probleme hätten: Sie glauben, dass ihr Leben vorgezeichnet ist, und glauben zugleich, dass sie sich jederzeit frei entscheiden können. Doch beides zugleich geht nicht.

Die Neurobiologen jedenfalls sind sich ziemlich einig darüber, dass es mit unserem freien Willen nicht weit her ist. Gerhardt Roth, Professor für Hirnforschung an der Universität Bremen, hält den freien Willen nur für eine „nützliche Illusion“ (siehe dazu das „P.M. direkt“-Interview mit Roth in Heft 4/2004).

Zu diesem Ergebnis kam der Forscher nach Experimenten an Patienten, deren Schädel aus medizinischen Gründen geöffnet werden mussten. Reizte man mit Elektroden am (schmerzunempfindlichen) Gehirn bestimmte motorische Großhirnbereiche, hob sich z. B. ein Arm. Nach dem Grund der Bewegung gefragt, behaupteten die Be-
202

troffenen regelmäßig, sie gewollt zu haben. Aber das war nicht möglich, denn die Bewegung war von außen ausgelöst worden. „Das, was wir als freie Entscheidung erfahren, ist nichts als eine nachträgliche Begründung von Zustandsveränderungen, die ohnehin erfolgt wären", erklärt Wolf Singer, Direktor des Max-Planck-Instituts für Hirnforschung in Frankfurt.

Doch sogar den Wissenschaftlern selbst sind die Konsequenzen nicht geheuer. Obwohl er nicht an den freien Willen glaubt, so erklärt Professor Singer: „Gehe ich abends nach Hause und sehe, dass meine Kinder irgendwelchen Blödsinn angestellt haben, dann mache ich sie natürlich dafür verantwortlich, weil ich davon ausgehe, dass sie auch anders hätten handeln können".

Denn vielleicht gibt es ja doch ein Türchen in der Mauer des Determinismus, durch das der freie Wille hindurchschlüpfen kann. Das ist eine ziemlich verwegene Annahme, denn ein wirklich freier Wille muss letztlich Dinge bewirken, die nicht mit den Naturgesetzen über-einstimmen – schließlich ist der Mensch Teil der Natur, und wenn die Natur deterministisch ist, ist es auch das Verhalten des Menschen. Der Mensch kann einen freien Willen nur beanspruchen, wenn es ihm gelingt, Naturgesetze außer Kraft zu setzen – und solche Ereignisse hat man bisher noch nie beobachtet.

Wo möglicherweise dennoch ein Ansatzpunkt liegt, zeigt wiederum die Quantenmechanik. Zwar beschreibt sie die

Welt ganz folgerichtig und deterministisch über die Wellenfunktion, aber es gibt darin einen seltsamen, auch nach mehr als 80 Jahren noch immer unverstandenen Punkt: den „Kollaps der Wellenfunktion". Dieser Begriff bezieht sich auf jenen Moment, wenn wir eine Messung an einem Elementarteilchen vornehmen, zum Beispiel seinen Ort bestimmen. Bis zu diesem Moment wird das Teilchen durch seine Wellenfunktion beschrieben: Über einen relativ großen Raumbereich verteilt, besitzt das Teilchen gewisse Aufenthaltswahrscheinlichkeiten Im Moment der Messung nun „kollabieren" die Wahrscheinlichkeiten, und zurück bleibt eine einzige Wirklichkeit: der konkrete Ort des Teilchens. Durch die Messung haben wir das Elementarteilchen gewissermaßen „festgenagelt".

An welchem Punkt wir es dabei finden werden, ist nicht vorherzusagen: Wiederholen wir das Experiment unter exakt gleichen Bedingungen, erhalten wir jedes Mal ein anderes Ergebnis. Nach vielen tausend gleichen Experimenten finden wir schließlich die Wahrscheinlichkeitsverteilung wieder, die von der Wellenfunktion vorgegeben ist.

Im Moment der Messung passiert also etwas, was nicht deterministisch ist – und das könnte die winzige Lücke sein, über die der freie Wille unsere Welt wieder betritt. Vielleicht kollabieren in unserem Gehirn auf atomarer Ebene Wellenfunktionen, und auf irgendeine ungeklärte Weise kann unser freier Wille beeinflussen, wie das passiert. Zugegeben: Hinweise, dass es so sein könnte, gibt es keine.

Aber immerhin kann auch niemand das Gegenteil beweisen, da noch niemand im lebenden menschlichen Gehirn Quantenzustände erforscht hat.

Manche Physiker glauben sogar, dass der Kollaps der Wellenfunktion erst durch unser Bewusstsein verursacht wird. Möglicherweise kollabiert die Wellenfunktion in dem Moment, in dem wir mit unserem Bewusstsein die Überlagerungen der Möglichkeiten anschauen. Dann würde die Welt durch unser Bewusstsein erst erschaffen.

Vielleicht ist das gleichbedeutend mit der „geistigen Kraft", die manche im Menschen vermuten – eine Kraft, von der sie annehmen, dass sie jenseits der Kausalität steht und jenseits der Naturgesetze.

Ohne weiteres ist einzusehen, dass all unser Handeln mit Gesetzmäßigkeiten zu tun hat. Würde unsere Welt nicht gesetzmäßig funktionieren, könnten wir in ihr gar nicht leben, wir wüssten nie, was unsere Handlungen „bewirken" werden.

Jedes Mal, wenn wir uns entschuldigen oder rechtfertigen, berufen wir uns auf kausale Zusammenhänge. Weil der Bus nicht kam, bin ich zu spät gekommen. Weil dort eine Stufe war, bin ich gestolpert.

Diesen Rückzug auf kausale Zusammenhänge unternehmen wir nicht etwa bloß bei trivialen Erklärungen und Rechtfertigungen im Alltag. Vielmehr erklären wir letztlich alles durch das Wirken von Gesetzmäßigkeiten, bis hin zu unseren inneren Antrieben und Motiven.

Wenn auf die Frage „Warum lieben Sie klassische Musik?" geantwortet würde „Weil ich bereits in meiner Kindheit im Elternhaus damit vertraut gemacht wurde.", so nimmt jeder die Antwort als völlig normal hin, ohne gleich erschrocken zu denken „Dieser arme Mensch wurde durch seine Kindheitserfahrungen determiniert".

Bei gerichtlichen Strafverfahren ist es zum Beispiel Pflicht, dass der Angeklagte nach seinem Lebenslauf gefragt wird. Bei gewichtigeren Fällen, wie z.B. Triebtötungen, werden umfangreiche psychologische Gutachten des Täters angefertigt, in denen ausführlich zu Veranlagungen, Erlebnissen in der Kindheit sowie den allgemeinen Lebensumständen Stellung genommen wird.

Ganz selbstverständlich wird dabei mit dem Fakt umgegangen, dass ein Mensch in seinen Handlungen, zumindest zu einem großen Teil, vorherbestimmt ist. Entsprechendes ist nach dem Gesetz ausdrücklich strafmildernd zu berücksichtigen.

Machen wir ein kleines Gedankenexperiment:

Ich setze mich auf einen Stuhl und behaupte, dass ich (zumindest) zwischen den zwei Möglichkeiten wählen kann „Meinen Kopf nach links zu drehen" oder „Meinen Kopf nach rechts zu drehen". Setzt nicht jede Handlung/ Aktion, die wir vollziehen, Freiheit als Bedingung voraus? Also bin ich „frei in meinem Willen", weil ich mir vorstelle, den Kopf entweder nach links oder nach rechts drehen zu können?

Leider ist das kein Beweis, sondern lediglich gedankliche Vorstellungen über die Wirklichkeit.

Die Frage ist doch: wenn du auch anders hättest handeln können, warum hast du es dann nicht getan?

Wenn ich z.B. einen Freund beleidige, dann mag es mir nachher leidtun, aber hätte ich wirklich anders handeln können?

Wenn ja, warum habe ich es dann nicht getan, was hielt mich davon ab? Mein mangelnder guter Wille? Aber liegt es wirklich in meiner Macht, einen guten Willen zu haben?

Andeutungen in diese Richtung gibt es ja in allen Religionen. Die Christen träumen vom Paradies, die Buddhisten von der Befreiung aus dem Rad der Wiedergeburten. Steht dahinter nicht die Vorstellung, den Menschen aus dem Zwang seines determinierten physischen Daseins zu erretten und ihn zu einem geistigen Wesen zu machen, das wirklich frei ist?

Doch was, wenn die Religionen Unrecht haben? Wenn es die Willensfreiheit wirklich nicht gibt? Wenn wir genauso determiniert sind wie jedes Atom? Ist dann unsere Zukunft wenigstens berechenbar?

Darauf gibt die Chaosforschung Antwort: nein. Sie untersucht Systeme, die vollkommen determiniert sind – und findet erstaunlicherweise, dass deren Entwicklung in der Zukunft dennoch nicht vorhergesagt werden kann. Bekanntestes Beispiel ist das Wetter: Ob es beispielsweise am 23. Juli 2084 in Berlin regnen wird – niemand kann es wissen.

Deterministische chaotische Systeme lassen sich durch eindeutige Formeln beschreiben; aus jedem Ausgangszustand berechnet sich ein bestimmter Folgezustand.

Nur: Je weiter man in die Zukunft rechnet, desto riesiger wird der „Verstärkungsfaktor", mit dem winzige Veränderungen der Ausgangssituation auf die Endsituation durchschlagen. Rechnet man weit genug in die Zukunft hinein, kann die Veränderung eines einzigen Atoms in der Ausgangskonstellation den Endzustand völlig umkrempeln. Unter solchen Bedingungen sind Vorhersagen nicht möglich: Der Flügelschlag eines Schmetterlings kann dazu führen, dass viel später irgendwo anders ein Wirbelsturm losbricht.

In einer Welt des deterministischen Chaos steht die Zukunft zwar fest, aber wir können sie nie im Voraus kennen. Unser Lebensweg wäre zwar durch das Schicksal festgelegt – aber jeder Versuch, ihn im Detail vorherzusagen, wäre prinzipiell zum Scheitern verurteilt.

Doch so chaotisch, wie es zunächst scheint, ist selbst das Chaos nicht: Sogar die Unordnung folgt einer inneren Ordnung. Rechnet man die Entwicklung chaotischer Systeme über lange Zeit nach, so entdeckt man „seltsame Attraktoren". Das sind immer wieder auftretende Muster im eigentlich chaotischen Verlauf. Vorstellen kann man sich das am Beispiel eines Stöckchens, das irgendwo in einen Fluss geworfen wird.

Welchen Weg es nehmen wird, ist nicht vorherzusagen: Es kann glatt „durchkommen", es kann in einem Wirbel tausend Runden drehen, ehe es weitertreibt, usw. Doch solange es in Bewegung ist, folgt es einem Muster: Stöcke in Flüssen treiben stromabwärts.

Möglicherweise ist auch unser Schicksal ein solcher seltsamer Attraktor: Er beschreibt Fixpunkte, an denen wir früher oder später im chaotischen und nicht vorhersagbaren Leben vorbeikommen müssen, auch wenn wir noch nicht wissen, wann und auf welche Weise. So könnte es dann vielleicht doch möglich sein, unsere Zukunft wenigstens in groben Zügen vorherzusagen.

Johann Wolfgang von Goethe indessen formuliert den Freien Willen nur als zwanghaften Vorgänger der Handlung: „Unser Wollen ist ein Vorausverkünden dessen, was wir unter allen Umständen tun werden. Diese Umstände aber ergreifen uns auf ihre eigene Weise." Und Alexander von Humboldt hat es wie folgt beschrieben: „Der Mensch muss das Gute und Große wollen, das Übrige hängt vom Schicksal ab."

Anscheinend müssen wir uns damit abfinden, dass unsere Zukunft determiniert ist – und wir keine Möglichkeit haben, sie vorher zu kennen. Seltsame Dinge folgen daraus: So könnte sich ein Mörder darauf hinausreden, seine Tat habe schon seit Anbeginn der Welt unausweichlich festgestanden. Daraufhin würde der Richter kontern, ebenso lange stehe sein Urteil fest.

Ereignisse geschehen zu einer bestimmten Zeit an einem bestimmten Ort nach dem Prinzip: Aktion = Reaktion. Jede Wirkung (Reaktion) ist ein Ereignis, und der Wirkungsort ist mit der Wirkungszeit zu einem untrennbaren Ereignispaar verknüpft.

Zur selben Zeit kann an diesem Ort kein zweites Ereignis geschehen, weil dort keine zweite Masse vorhanden ist. Das aber ist die Voraussetzung, dass sich Wirkungsquanten auf der stofflichen Ebene zu Materie manifestieren.

Dass wir zu einer bestimmten Zeit genau an jenem Ort sind, wo etwas Beglückendes oder Schicksalhaftes passiert, hat einzig und allein mit dem Gesetz von Ursache und Wirkung, von Aktion und Reaktion zu tun. An diesem Ort des Geschehens geht von einem Ladungspotenzial eine Energie aus, die im Feld der Wirkungsquanten eine permanente Spannung aufbaut. Je ähnlicher sich in diesem Feld nun Wirkfrequenzen sind (Aktion/ Reaktion), umso stärker ist die Resonanz und damit die Wirkung der Spannungen, die sich aufeinander zubewegen und zur Entladung der Energiepotenziale führen.

Dabei haben Wirkungsquanten von Tod, Gewalt, Trauer, Glück, Trennung, etc. ganz unterschiedliche Frequenzen und lösen damit ganz unterschiedliche Spannungs-Zustände aus. Die Geschichte der Menschheit besteht aus einer permanenten Abfolge kausaler Ereignisse, die nicht mehr gelöscht und verändert werden können. Es fällt schwer, Lebensprozesse auf diese simple Naturkonstante zu reduzieren, aber so einfach und frei von Moral ist die Natur.

Sollen wir also in Fatalismus verfallen? Genauso gut können wir weiterleben wie bisher und so tun, als hätten unsere Entscheidungen irgendeinen Einfluss. Oder wir „entscheiden" uns im Wissen und mit Augenzwinkern, dass sowieso alles schon feststeht, zur Gelassenheit und nehmen uns nicht mehr ganz so wichtig.

Positives Denken - eine Kritik

Die Existenz und der mächtige Einfluss unseres Unterbewusstseins sind heute eine Binsenweisheit. Einer der ersten Autoren, der sich diesem Thema annahm, war Dr. Joseph Murphy. Sein Klassiker "Die Macht Ihres Unterbewusstseins" (1962 erschienen) hat bereits 65 Auflagen erlebt und ist noch immer ein Bestseller. Seine wichtigste Botschaft: Nicht das Unterbewusstsein hat Macht über uns, sondern wir können bewusst auf das Unbewusste einwirken. Der durch seine katholische Kindheit geprägte Autor litt mit Anfang zwanzig an einer bösartigen Hauterkrankung. Die Medizin konnte ihm nicht helfen, also half er sich selber: Durch seinen starken Glauben an die Macht des Gebetes und seine unbedingte Überzeugung, dass er sein Unterbewusstsein durch positive Suggestionen bzw. Affirmationen so beeinflussen konnte, dass dieses die Genesung seines Körpers in Gang setzen würde, wurde er schließlich wieder gesund.

Diese Erfahrung hat seine zahlreichen Bücher geprägt und von daher erklärt sich auch Murphys Erfolg. Der Leser spürt Murphys Überzeugung aus jedem Wort und kann sich seiner Suggestivkraft nur schwer widersetzen.

Viele Aspekte dieser Macht sind uns bekannt: Sich selbst erfüllende Prophezeiungen, Priming-Effekt (unterschwellige Aktivierung von Assoziationen), Kreatives Träumen, Autogenes Training, "Positives Denken" ... In dieser Reihe bewegt sich auch Murphy mit seinen Auto-Suggestionen. Er lehrt in seinem Werk die vielfältigen Möglichkeiten, auf das Unterbewusstsein Einfluss zu nehmen und dadurch gelassener, zufriedener und erfolgreicher zu werden.

Gute, also positive Gedanken tragen sehr viel zum eigenen Wohlbefinden bei. Das ist allgemein anerkannt. Daneben hat sich jedoch eine umstrittene "Technik" des positiven Denkens entwickelt, die erklärt, wie man gute Gedanken rezept- oder gar schemenartig in verschiedenen Krisensituationen zur Anwendung bringen kann. Vor allem in Zeiten wirtschaftlichen Niedergangs und zunehmender Hiobsbotschaften aus aller Welt hat eine solche Lehre Konjunktur: "Erkenne deine geistige Kraft!", "Wie man seine Wünsche und Träume erfolgreich verwirklicht", "Was Sie ersehnen, kommt zu Ihnen". So lauten einige attraktive Buchtitel.

"Du musst nur fest an den Erfolg glauben, dann klappt das schon." Diese nicht auszurottende psychologische Halbwahrheit ist mittlerweile schon ins allgemeine Bewusstsein gesickert und hält sich dort hartnäckig. So liest man auf einer Website: "Positives Denken wirkt sich auf alle Bereiche Ihres Lebens aus: auf Ihre Gesundheit, auf Ihr seelisches Wohlbefinden, auf Ihre geistigen Fähigkeiten und auf Ihre Wahrnehmung, auf Ihre beruflichen und finanziellen Erfolge und auf Ihre zwischenmenschlichen Beziehungen."

Natürlich ist eine solche Lehre anziehend. Westliche Gesellschaften legen steigenden Wert auf gute Gefühle, denn ständig wird der Einzelne aufgefordert, positiv zu denken, gute Laune zu haben und optimistisch zu sein. Dieser Druck alleine kann bei manchen Menschen schon die Laune trüben, sodass solche Glücksbefehle eher das Gegenteil bewirken. Je stärker Menschen empfinden, dass man von ihnen eine positive Grundhaltung erwartet, desto schlechter wird manchmal ihre Stimmung.

Vor allem Menschen mit einer hohen Leistungs-Motivation und mit einer geringen Furcht vor Misserfolgen profitieren von solchen Imaginationen, aber auf Gering-motivierte wirken sich solche positiven Ziel-Imaginationen hinderlich aus und können bei ihnen regelrechte Motivationskurzschlüsse hervorrufen, indem die Motivation zur Verfolgung des Ziels geradezu gelähmt wird.

Die Verkünder der Technik des "positiven Denkens" bauen auf die angeblich unbegrenzte Macht des Denkens. Mit seiner Hilfe soll das Unterbewusstsein in positiver Weise beeinflusst werden. Dr. Murphy erklärt: "Ihr Unterbewusstsein führt ... alle Befehle aus, die ihm ihr Bewusstsein in Form von Urteilen und Überzeugungen zukommen lässt." Und: "Denken Sie das Gute, und es wird sich verwirklichen" (aus: "Die Macht Ihres Unterbewusstseins").

Das Unterbewusstsein gilt dabei als unerschöpfliches Kraftpotenzial, das alles schafft, was das Denken ihm befiehlt. Und wer das Unterbewusstsein richtig programmiert, der hat Erfolg. Vertreter dieser Denkrichtung wiesen auf die Gesetzmäßigkeit hin: "Was der Mensch sät, das wird er ernten hin" und erklären damit z. B. auch, dass die Reichen reicher, die Armen ärmer, die Kranken kränker und die Erfolgreichen erfolgreicher werden. Und wie soll das vor sich gehen? "Denken Sie an das Gute, und das Gute geschieht. ... Merke: „Denken ist gleich säen ..."

So lautet die einfache Botschaft, und die Erfahrung zeigt, dass sie vielfach stimmt. Denn alles, was wir denken, speichern wir auch - in unserem Oberbewusstsein, in unserem Unterbewusstsein, ja sogar in unseren Körperzellen und letztendlich in unserer Seele. Dennoch gibt es ein dickes **ABER!**

Die Technik des "positiven Denkens" besteht in erster Linie in einer Art Auto-Suggestion, in dem „In-sich-hinein-Sprechen" von positiven Sätzen. Sowohl dieser Methode als auch die Inhalte werden jedoch von dem Psychotherapeuten Günter Scheich in seinem Buch „Positives Denken macht krank" heftig kritisiert: "Die Lehre vom 'positiven Denken' definiert sich" laut Scheich "über die unreifen Ziele immerwährenden Glücks, dauerhafte Harmonie und Gesundheit sowie ewige Fülle und Reichtum. Diese Heilsversprechen können besonders Menschen mit psychischen Problemen entwurzeln, weil sie unweigerlich durch eintretende Frustrationen und falsche Zielvorgaben immer weiter in ihre Krankheit getrieben werden."

Günter Scheich nennt das "positive Denken" deshalb eine moderne "pseudowissenschaftliche Verdrängungsmethode". Unglückliche Menschen seien auf der Suche nach der Lösung ihrer Probleme. Und "zur Erfüllung dieses Ziels sind (leider zu viele) bereit, einfachsten Erklärungsmustern zu folgen und sich dabei einlullen zu lassen - statt sich den Problemen zu stellen ...". Dies sei aber unumgänglich, denn "die menschliche Psyche ist ein komplexes und differenziertes System ... Alle Emotionen - seien sie nun „positiv" oder „negativ"- sind wichtig. Versuche, den natürlichen Gefühlshaushalt zu manipulieren und nur noch „positiv" zu denken und zu fühlen, führen zu einer Verleugnung wichtiger - zum Teil lebenswichtiger – Persönlichkeitsanteile".

Doch trifft diese Kritik wirklich immer zu? Oder wird das "positive Denken", das "krank" machen soll, bei ihm nur einseitig dargestellt und seine Schwächen und Gefahren bewusst überzeichnet? Schüttet der Psychotherapeut Günter Scheich nicht das Kind mit dem Bade aus, weil die negative Beurteilung der "positiven Technik" den Blick für die großen Chancen einer positiven Lebenseinstellung und positiver Gedanken verdeckt?

Dass unsere Gedanken Kraft haben und jeder Gedanke - vor allem wenn er wiederholt gedacht wird – die Energie förmlich zur Verwirklichung drängt, das jedenfalls kann niemand ernsthaft bestreiten. Überdies erscheint die These zu pauschal, dass jeder, der sich im "positiven Denken" übt, Negatives automatisch verdrängen würde.

Affirmationen sind in der Psychologie immerhin eine probate Methode, wenn es darum geht, sich selbst zu ändern. Unter Affirmation versteht man dabei einen selbstbejahenden Satz, den man sich selbst wieder und wieder sagt, um die Gedanken allmählich umzuprogrammieren. Zum Beispiel: Ich akzeptiere mich so wie ich bin … mit allen Stärken und Schwächen. Oder: Ich gehe mutig auf Herausforderungen zu und meistere sie. Eine andere Affirmation wäre: Ich liebe das Leben, meinen Körper, meine Gefühle und vertraue den Fügungen des Lebens.

Das Ziel dabei ist, das Verhalten und die Gefühle dauerhaft zu verändern, denn Denken, Fühlen und Handeln hängen wechselseitig zusammen und wenn man seine Gedanken durch Affirmationen dauerhaft ändert, dann ändert sich nach einiger Zeit vielleicht auch das Verhalten und die damit verbundenen Gefühle.

Manch ein Affirmations-Kenner wird jetzt bei den Beispielen von oben Folgendes sagen: Das ist ja gar keine Affirmation. Die ist ja gar nicht in der Gegenwartsform (Ich bin …) formuliert und diese Sätze sind ja viel zu lang. So eine Affirmation muss vielmehr so lauten:

"Ich bin selbstbewusst." oder "Ich bin schön."

Aber genau darin liegt meiner Ansicht nach der Grund, warum Affirmationen bei so vielen Menschen überhaupt nicht funktionieren: Solche direkte Form von Affirmation haben einen gravierenden Nachteil. Wenn wir uns sagen: "Ich bin schön" oder „Ich bin schlank“, melden sich bei

217

vielen von uns sofort die inneren Zweifler zu Wort und sagen:

•Das glaubst du doch selbst nicht.

•Du belügst dich doch selbst.

Und letztlich stärken wir dadurch unsere Zweifel und nicht das, was wir eigentlich „gefühlt" verändern wollten (zum Beispiel unser Selbstbewusstsein). Deswegen ist es für die meisten von uns wichtig, dass wir unsere Affirmationen eher indirekt formulieren. Statt: "Ich bin selbstbewusst" umschreiben Sie den Vorgang als Prozess: "Ich bin auf dem besten Wege, für mich selbst einzustehen" Oder: "Ich darf meine Meinung sagen" Oder: "Ich traue mich jeden Tag mehr und mehr einfach ICH zu sein" Ob für Sie eher direkte oder indirekte Affirmation das Richtige sind, müssen Sie selbst herausfinden, lassen Sie sich von Ihrem Gefühl leiten. Sprechen Sie eine Affirmation einfach leise vor sich hin und fühlen Sie dabei in sich hinein. Fühlen Sie sich wohl mit der Affirmation, dann bleiben Sie dabei. Hören Sie innere Zweifel, verspannen Sie sich innerlich oder fühlen sich einfach unwohl mit dem Satz, dann sind Sie auf dem falschen Weg.

Viele Menschen fangen an, ihre Affirmationen zwar zu verinnerlichen, hören aber viel zu früh damit auf, sodass sich das alte Verhalten und die alten Gefühle, die tief sitzen, wieder durchsetzen können. Affirmationen beschreibe ich als „mentale Homöopathie" und ihre Anwendung bedarf der Mühe und der Achtsamkeit.

218

Bis Sie Ihre Affirmationen wirklich verinnerlicht haben, braucht es abhängig vom Thema und der Intensität Ihres Affirmations-Trainings ca. 30-90 Tage.

Und in diesen 30-90 Tagen müssen Sie sich Ihre Affirmationen möglichst täglich einprägen. Das Reinschmeißen von Psycho-Pharmaka ist beträchtlich einfacher...... Am Ende dieses Buches finden Sie eine Auswahl nützlicher Affirmationen und Glaubensmuster.

Natürlich sind kritische Rückfragen unumgänglich. So könnte man fragen: Woher stammt eigentlich die Lebensphilosophie, dass wir uns durch positives Denken z. B. alle unsere ichbezogenen Wünsche erfüllen können? Und mit welchem Recht behaupten viele Vertreter dieser Art von positivem Denken - wie z. B. der ehemalige Pfarrer Norman Vincent Peale -, dies sei gleich bedeutend mit dem "Willen Gottes"?

Dieses „Glück in Gott", so haben es Mystiker zu allen Zeiten immer wieder erfahren, wäre demnach ein inneres Glück. Sie konnten sogar sagen: Das Leben in Gott ist Reichtum, ist Glück, ist die Erfüllung der menschlichen Sehnsucht. Dieses könne man aber nicht mithilfe einer Technik, sondern nur durch Verwirklichung der göttlichen Gebote Schritt für Schritt erleben.

Das Glück in Gott ist also nicht das Haben-, Sein- und Besitzen-Wollen.

Ein gravierendes Missverständnis der Technik des "positiven Denkens" liegt also in der Annahme, das Unterbewusstsein, welches ganz wesentlich unser Verhalten (mit) steuert, sei schon die Quelle der Kraft, sei sozusagen das Göttliche. Das Unterbewusstsein ist jedoch erst eine Art Vorhof unserer Seele, in der das Göttliche und damit die Quelle der Kraft in uns wohnt. Und im Unterbewusstsein tummeln sich auch das Verdrängte, die ungelösten Konflikte sowie traumatische Kindheitserlebnisse, Aggressionen, Ängste und Süchte. Und ist dieses Negative gravierend, so ist dies vielfach auch in der Seele selbst gespeichert und wartet darauf, dass wir es mit Gottes Hilfe aufarbeiten.

Unsere Aufgabe besteht also darin, uns die Inhalte des Unterbewussten und - eine Etage tiefer - der Seele schrittweise bewusst zu machen und sie zu bereinigen - durch Erkennen, Bereuen, Um-Vergebung-Bitten und Nicht-mehr-Tun. Durch diese Bereinigung wächst die Kraft des Guten, das Göttliche in uns.

Kranke Seele, krankes Hirn

Studien belegen, dass seit Jahren die Zahl derer steigt, die sich wegen psychischer Störungen krankschreiben lassen oder in Frührente gehen. Jede achte Krankschreibung hat mittlerweile diesen Hintergrund, meldet die Krankenkasse DAK – ein Anstieg von 74 Prozent seit 2006. Mehr als vier von zehn Menschen, die in Frührente gehen, geben als Grund psychische Leiden an, wie Berichte der Deutschen Rentenversicherung belegen.

Auch die Krankheitskosten für psychische und Verhaltensstörungen steigen stetig an. Mehr als 28 Milliarden Euro pro Jahr machen sie in Deutschland aus – gut zehn Prozent der jährlichen Gesundheitskosten. Damit stehen sie an dritter Stelle, direkt hinter den Herz-Kreislauf-und Magen-Darm-Erkrankungen. Auch Arbeitsausfälle und Berufsunfähigkeiten aufgrund psychischer Krankheiten nehmen zu.

Früher galten psychische Erkrankungen als Störungen des Seelenlebens eines Menschen. Heutzutage sind sie in den Augen vieler biologisch orientierter Psychiater vor allem eines: Erkrankungen des Gehirns. Bei den Patienten sei die Neurochemie im Gehirn im Ungleichgewicht oder die grauen Zellen seien in anderer Hinsicht krankhaft verändert. Die Wirksamkeit von Psychopharmaka scheint dieser

Annahme recht zu geben. Schließlich greifen sie in der Regel in das System von Botenstoffen im Gehirn ein, die für die Kommunikation zwischen Nervenzellen wich-tig sind.

Auch dank des Marketings von Pharmafirmen ist im öffentlichen Bewusstsein vor allem eine Vorstellung der biologischen Psychiatrie gut verankert – nämlich dass bei Depressionen ein Mangel des Botenstoffs Serotonin vorliege. Antidepressiva könnten diesen Mangel ausgleichen, so wie man bei Diabetes den Insulinmangel kompensiert. Das ist die Theorie. Doch bis zum heutigen Tage bleibt die Psychiatrie den Nachweis dafür schuldig. So waren etwa Versuche, durch Absenken des Serotonin-Spiegels depressive Zustände bei Freiwilligen herbeizuführen, alles andere als von Erfolg gekrönt. In einer Übersichtsarbeit von 2009 im Fachblatt „European Neuro-psycho-Pharmacology" sichteten dänische Forscher diverse Untersuchungen mit bildgebenden Verfahren zu dem Thema. Auch sie fanden keine überzeugenden Belege für ein anomal funktionierendes Serotoninsystem bei depressiven Erkrankungen.

Der italienische Mediziner Cesare Lombroso (1835-1909) gilt als der Begründer der Kriminalanthropologie. Er stellte die These auf, dass der Hang zum Verbrechen angeboren sei und sich in körperlichen Merkmalen ausprägte.

Er vermaß unzählige Schädel lebender und exekutierter Verbrecher und suchte nach Eigenschaften, die sie von den Schädeln „rechtschaffender Bürger" unterschieden.

Für Lombroso wurden u.a. zusammengewachsene Augenbrauen, schmale Lippen, breite Unterkiefer und abstehende Ohren zu Kennzeichen einer verbrecherischen Natur. Seine 1876 veröffentlichte These vom „geborenen Verbrecher" verursachte unter den Zeitgenossen viel Aufsehen, erwies sich jedoch als grundlegend falsch!

Solche aus heutiger Sicht absurde Thesen veranlassten die Nationalsozialisten, während des Dritten Reichs bei vermeintlich Geisteskranken solche Zwangssterilisationen durchzuführen. Dabei beriefen sie sich auf einen Mann, der Jude, Sozialist und vor allem einer war, der aus einer völlig anderen Intuition heraus handelte:

Der italienische Psychiater wollte die Kriminologie reformieren. Aber schon bald nach der Veröffentlichung seines Buchs folgten Gegenreaktionen.

Ein amerikanischer Anthropologe schrieb 1898: "Bis vor kurzem haben wir Ohrläppchen und Fingernägel in der Annahme untersucht, ein Stigmata, das auf einen Verbrecher hinweist, zu finden. Es hat sich aber schnell herausgestellt, dass es eine Illusion ist - denn die Verbrecher unterschieden sich biologisch nicht von den Geschworenen und Richtern."

Die Zeiten, in denen Kriminologen Verbrecher anhand ihrer Tätowierungen oder Fingernägel zu identifizieren versuchen, schienen längst vorbei. Dennoch wird der Grundgedanke der biologischen Nachweisbarkeit einer verbrecherischen Prädisposition weiter verfolgt in der Hoffnung, womöglich korrigierend, bzw. präventiv Einfluss zu nehmen. Die Methode, kriminelles Verhalten psychologisch zu erklären, indem man das soziale Umfeld des Betreffenden während seiner Kindheit und Pubertät beleuchtet, ist heute gängig und anerkannt.

Um Mördern das Todesurteil zu ersparen, legen Anwälte in den USA zunehmend Hirnbilder ihrer Mandanten vor. Doch wann hat man es eigentlich mit einem normalen Hirn zu tun?

Nachdem Bobby Joe Long 1974 in Florida mit dem Motorrad verunglückt war, lag er tagelang mit schwersten Kopfverletzungen im Koma. Als er erwachte, hatte er sich verändert. Sein Sexualtrieb war plötzlich unersättlich, er wurde gewalttätig. Eine fatale Mischung. In Tampa vergewaltigte er über die Jahre Dutzende Frauen. 1984 begann er brutal zu morden. Neun seiner Opfer starben. Als eine junge Frau lebend entkam, konnte Long endlich gefasst werden. Er erhielt 26mal lebenslänglich und zweimal die Todesstrafe. Seine Anwälte gingen in die Berufung.

Sahen Richter und Geschworene zunächst einen ruchlosen Mörder, steht nach Vorführung der bunten Bilder eines geschädigten Denkorgans vielleicht nur noch eine bedauernswerte Kreatur vor ihnen. Doch wann hat man es mit einem normalen Gehirn zu tun, das frei entscheidet, und wann mit einem, das bei grausamen Taten nicht mehr Herr seines eigenen Willens ist? Und was sagen die gescheckten Hirnfotos überhaupt aus?

Der Streit beginnt beim Dreh- und Angelpunkt aller Rechtsprechung: der Willensfreiheit. Bereits Anfang der 1980er-Jahre lieferte die Hirnforschung erste Hinweise auf den Charakter des Willens. Damals publizierte der Neurologe Benjamin Libet einen mittlerweile legendären Versuch, der demonstrierte, dass die motorischen Areale der Hirnrinde rund eine fünftel Sekunde früher aktiv werden, als der Entschluss, einen Finger zu bewegen, überhaupt ins Bewusstsein tritt.

Demnach gibt es einen corticalen Willen, der die subcorticale (also aus dem „Unbewussten") aufkommende Bereitschaft zu einer Handlung lenken und sogar blockieren kann – es bleiben jedoch die Tatsachen bestehen, dass die meisten Antriebe für Handlungen unbewussten Ursprungs sind und das Gefühl, etwas zu wollen, erst nach dem Bereitschaftspotential auftritt.

Viele Erfahrungen müssen öfter gemacht werden, um in eine bestimmte „Schublade" des Unterbewusstseins zu kommen; bei emotional sehr intensiven Erlebnissen wie Unfällen, Misshandlungen u. ä. reicht oft die einmalige Erfahrung für eine dauerhafte Einprägung aus, man spricht dann von einer sogenannten „psychischen Traumatisierung" (dementsprechend schwierig und aufwendig ist es, derartige Prägungen wieder abzuschwächen oder zu verändern).

Insofern wäre der Mensch durch seine genetischen Faktoren und seine bereits gemachten Lebenserfahrungen in seinem Verhalten zwar determiniert, er handelte jedoch als autonomes Subjekt.

Die aktuellen Ergebnisse der Hirnforschung stellen diese Vorgehensweise zwar nicht in Frage, lassen sie aber zunehmend als unzureichend erscheinen, indem sie biologische Faktoren aufzeigen, die kriminelle Handlungen, bzw. Persönlichkeitsstörungen beeinflussen oder sogar auszulösen scheinen (untersucht werden dabei in erster Linie Hirnfunktionen, Stoffwechselstörungen und mögliche genetische Prädispositionen).

Die modernen Untersuchungsmethoden ermöglichen es, die Aktivität von Gehirnzellen sichtbar, bzw. messbar zu machen, abhängig vom jeweiligen Aktivitätsmuster lassen sich so abweichende Funktionen erkennen. Hierbei unterscheidet man zwischen der Elektroenzephalographie (EEG) und der Magnetenzephalographie (MEG), die der Messung der elektrischen, bzw. der magnetischen Aktivität von Nervenzellen dienen. Eine bessere räumliche, aber zeitlich schlechtere Auflösung ermöglichen die sogenannten bildgebenden Verfahren wie die Positronen-Emissions-Tomographie (PET) und die funktionelle Kernspintomographie (fMRI). Bei geistigen Aktivitäten erhöht sich auch die Neuronale Aktivität in bestimmten Hirnregionen, was zu einem erhöhten Glucose und Sauerstoffverbrauch der Neuronen führt; der gesteigerte Stoffwechsel der Substanzen Glucose und Wasser lässt sich anhand der PET messen, während die fMRI die Erhöhung des Blutflusses, bzw. den Sauerstoffgehalt des Blutes in der betreffenden Hirn-Zone sichtbar macht.

Der Schwerpunkt der Untersuchungen „krimineller Hirne" liegt auf dem Stirnhirn, dem sogenannten präfrontalen Cortex - dem Bereich, der u.a. für zielgerichtetes, vorausschauendes Handeln, moralische Bewertungen und die Kontrolle der Emotionen zuständig ist.

Die Folgen von Schäden in diesem Bereich reichen von einer verminderten Hemmschwelle für kriminelle Handlungen bis hin zu gravierenden Persönlichkeits-Veränderungen.

An Patientenbeispielen des Neurowissenschaftlers Antonio Damasio lassen sich die fatalen Auswirkungen von Verletzungen im Bereich des präfrontalen Cortex ziemlich eindeutig belegen: infolge eines Arbeitsunfalls erlitt der amerikanische Ingenieur P. Gage die Zerstörung des orbito-präfrontalen Cortex, was zu einer Trennung von Rationalität und Emotionen führte. Motorik, Wahrnehmung und Intelligenz blieben unbeeinträchtigt, jedoch war es Gage weder möglich, die Handlungsabläufe zu wählen, die für sein Überleben am günstigsten waren, noch richtete er sich nach bereits erlernten sozialen Regeln.

Ebenso erging es dem Manager Elliot, der einen ähnlichen Schaden im Stirnhirn erlitt. Er zeichnete sich durch völlige Emotionslosigkeit aus und verlor die Fähigkeit, aus Fehlern zu lernen und die Folgen seiner Handlungen abschätzen zu können, wodurch er sich schnell finanziell ruinierte; ebenso ruinierte er seine sozialen Kontakte.

In beiden Fällen erwiesen sich die Patienten quasi als lebensunfähig. Damasio erklärt diese Erscheinungen so, dass mit der Zerstörung des orbito-frontalen präfrontalen Cortex das Bindeglied zwischen dem übrigen Neocortex und dem limbischen System ausgefallen ist und so eine vernünftige Handlungsplanung durch Abruf der positiven oder negativen Vorerfahrungen nicht mehr möglich wäre.

1999 führten Psychologen der University of Southern California Untersuchungen durch, die den Zusammenhang zwischen Fehlfunktion, bzw. – Bildung des präfrontalen Cortex und abweichendem Verhalten belegen. In der ersten Studie wurden 41 Mörder im Vergleich mit ebenso vielen „Normalbürgern" anhand der PET unter-sucht, mit dem Ergebnis, dass die aus dem limbischen System kommenden Aggressionsimpulse bei den Schwerverbrechern kaum oder gar nicht vom Stirnhirn kontrolliert und gehemmt wurden.

Die zweite Studie befasste sich mit sogenannten Soziopathen, auch hier wurden straffällig gewordene Personen untersucht. Bei dieser Krankheitsgruppe ist die Fähigkeit stark unterentwickelt, die Emotionen anderer Menschen anhand ihrer Mimik, Stimmlage und sonstiger Körpersprache richtig einschätzen zu können, ebenso wenig können die Handlungsmotivationen anderer Personen nachvollzogen werden.

Soziopathen weisen auch Gefühlskälte auf und können häufig nach begangenen Verbrechen nicht einmal Reue empfinden. Der Anteil der Betroffenen unter den Gefängnis-Insassen in den USA liegt angeblich bei 75 Prozent.

Die von dem Neuropsychologen Adrian Raine untersuchten 21 Straftäter wiesen bei der Untersuchung alle eine abnormale Verkleinerung des Präfrontalen Cortex um nahezu 11 Prozent auf. Als Folge dieses kleineren präfrontalen Cortex könnte die Fähigkeit zur Selbstkontrolle und zu einer vorausschauenden Handlungsplanung (unter Einbeziehung der Folgen) deutlich vermindert sein, ebenso könnte die in der Pubertät stattfindende Entwicklung des Gewissens nur unzureichend oder gar nicht erfolgt sein; die soziale Konditionierung, in der asoziales Verhalten mit Strafe verbunden wird, ist womöglich nicht gegeben.

In diesem Zusammenhang erscheint es interessant, dass die Mehrheit der (männlichen) Verbrecher bereits in ihrer Kindheit die sogenannte „Aufmerksamkeitsdefizit-Hyperaktivitätsstörung" (ADHS) aufwiesen (siehe auch Kapitel „Was ist ADHS"), die sich durch Konzentrationsschwierigkeiten, motorische Unruhe und vor allem mangelnde Impulskontrolle auszeichnet. Fast die Hälfte der Kinder, die an ADHS leiden, haben eine Disposition zu gewaltbereiten Persönlichkeiten mit zum Teil schweren Persönlichkeitsstörungen und emotionalen Defiziten.

Die Ursachen für ADHS werden hauptsächlich als genetisch bedingt angesehen, aber auch Verletzungen während der Geburt und Genussmittelmissbrauch der Mutter während der Schwangerschaft kommen als Auslöser in Frage. Studien ergaben, dass die Gehirne von ADHS-Kindern durchschnittlich kleiner sind, insbesondere das Kleinhirn, die Basalganglien und das rechte Stirnhirn – betroffen sind also Bereiche, die sich mit der emotionalen und motorischen Steuerung von Verhalten befassen.

Weiterhin wurde bei diesen Kindern und bei Gewalttätern eine Störung des Serotonin- und des Dopamin-Haushalts festgestellt, also der Neuromodulatoren, die u.a. für Handlungsmotivation und Handlungskontrolle zuständig sind. Möglicherweise ließe sich damit die motorische Hyperaktivität, mangelnde Impulskontrolle und niedrige Frustrationsschwelle der Betroffenen erklären. Die Ursachen für diese Störung sind jedoch noch nicht bekannt. Je früher ADHS diagnostiziert wird, umso mehr kann man der möglichen Wechselwirkung mit ablehnendem Verhalten der Umwelt und einer Potenzierung der Störungen vorbeugen.

Wie Wissenschaftler der University of Wisconsin in einer Studie herausfanden, scheint es auch eine genetische Prädisposition zu gewalttätigem und antisozialem Verhalten zu geben, welches jedoch durch die Misshandlung des Betroffenen in der Kindheit ausgelöst oder verstärkt wird. Es handelt sich hierbei um das MAOA-Gen, ein auf dem X-Chromosom liegendes Gen, das für den ordnungsgemäßen Abbau von Dopamin und Serotonin zuständig ist (durch Produktion des Hirnenzyms Monoaminooxidase A).

Im Tierversuch zeigten sich Mäuse, denen dieses Gen fehlte, sehr schnell als „Aggressionsbomben". Es gibt auch eine abweichende Form dieses Gens, die bei jedem Mann der untersuchten Gruppe festgestellt wurde; bei dieser Variante erfolgt der Abbau der Transmitter-Substanzen nur unzureichend (durch eine zu schwache Produktion des benötigten Hirnenzyms). Die Wirkung scheint eine erhöhte Gewaltbereitschaft und ein gesteigertes antisoziales Verhalten zu sein, wobei die Testpersonen, die in der Kindheit misshandelt wurden, deutlich höhere Werte erzielten – also eindeutig ein Zusammenspiel von Erbanlagen und sozialem Umfeld.

Zwar erhöhen alle diese Faktoren die Wahrscheinlichkeit, gewalttätig zu werden, bzw. mögen dieses Verhalten erklären, aber sie machen niemanden zwangsläufig und garantiert zum Verbrecher. So ist es beispielsweise erwiesen, dass ein hoher Testosteronspiegel aggressives Verhalten verstärkt und Männer sehr viel stärker zu Gewaltanwendungen neigen als Frauen – aber sollte man deshalb „dem männlichen Geschlecht" pauschal fördernde Faktoren der Verbrechensneigung attestieren ?

Die Statistiken über Gewaltdelikte scheinen allerdings eine klare Aussage zu machen: „Bei Gewaltdelikten ist nach neuester Statistik das Verhältnis zwischen männlichen und weiblichen Personen rund vier zu eins, bei schweren Gewaltdelikten wie Mord, Totschlag, schwerer Körperverletzung zehn zu eins und bei Vergewaltigung und sexuellem Missbrauch von Kindern rund hundert zu eins".

Sicherlich wird das Hormon Testosteron hier eine Rolle spielen, jedoch wäre es zu einfach, aus diesen Statistiken die generelle Friedfertigkeit der Frau ableiten zu wollen. Gerhard Roth formuliert es eher so, dass Frauen „weniger häufig gewalttätige Handlungen begehen, die strafrechtlich verfolgt werden" – Männer handeln meist im starken Affekt, Frauen planen ihre Taten eher.

Eine andere Möglichkeit, die Ergebnisse der Hirnforschung miteinzubeziehen wäre, Psychotherapie und bildgebende Verfahren zu kombinieren. So haben beispielsweise die Mannheimer Psychiater Harald Dreißing und Dieter Braus Kernspin-Aufnahmen vom Gehirn eines homo-sexuellen Pädophilen gemacht, während ihm ein Foto eines Jungen in Unterwäsche gezeigt wurde. Der Mann behauptete zwar, dass ihn das Bild nicht interessiere, die für Aufmerksamkeit und Erregung zuständigen Areale im Hirnstamm und Frontal-Hirn waren jedoch überaus aktiv und ließen genau das Gegenteil vermuten.

Denkbar wäre auch, den Erfolg bzw. den Nichterfolg der Behandlung an den „Gehirnbildern" zu überprüfen und erst dann über eine mögliche Freilassung zu entscheiden. Natürlich sind für ein solches Vorgehen bei weitem noch nicht genug gesicherte Ergebnisse der Hirnforschung vorhanden, die etwaige Fehlurteile auf ein Minimum reduzieren könnten. Dementsprechend werden Bilder von Hirnschäden zur Feststellung der Schuldfähigkeit heute vor Gericht noch nicht weiter berücksichtigt, es sei denn, es lässt sich zusätzlich eine schwere psychische Störung nachweisen.

Viele Strafrechtler sehen es vermutlich ähnlich wie Hans - L. Kröber, Professor für Forensische Psychiatrie am Universitätsklinikum Benjamin Franklin: „Wenn ich bei einem Prozess feststelle, dass ein Angeklagter überhaupt kein Hirn hat, sich aber ansonsten normal verhält, gibt es derzeit rechtlich keinen Grund, ihn für vermindert schuldfähig zu erklären". Es ist zweifellos richtig, dass der aktuelle Stand der Hirnforschung noch nicht genug gesicherte Ergebnisse vorweisen kann, um vor Gericht berücksichtigt werden zu können.

Opferrolle als Falle

Es widerfahren uns im Laufe des Lebens viele widrige Ereignisse. Wir verlieren Menschen durch Trennung und Tod, wir erkranken schwer, haben unverschuldet einen Unfall, von dem körperliche Schäden zurückbleiben, wir werden durch eine Betriebsschließung arbeitslos, wir werden zum Opfer eines Stalkers oder zum Opfer eines Mobbers, usw.

In solchen Momenten fühlen wir uns oft ohnmächtig und als Opfer. Wir bemitleiden uns, ärgern uns maßlos über das widerfahrene Unrecht, sind vielleicht deprimiert und glauben, die Welt und das Schicksal seien ungerecht. Wir leiden, sind ratlos und fühlen uns ausgeliefert, ohnmächtig und hilflos.

Wie stark wir unter den Widrigkeiten und Ereignissen leiden und wie schnell wir uns aus der Opferrolle befreien können, hängt von uns und unseren Einstellungen zu den Ereignissen ab.

Betroffene fühlen sich häufig ungerecht behandelt und sehen nur, dass es den anderen besser geht”, so Bonelli. Aus dem ständigen Hadern mit dem widerfahrenen Schicksal könne sich eine lang anhaltende psychische Krankheit entwickeln. “Alles Unglück wird auf ein Unrecht in der Vergangenheit zurückgeführt, das nicht mehr änderbar ist, das aktiv in Erinnerung bleibt und an dessen Wunden ständig gerissen wird." Dieses Ereignis müsse unter objektiver Betrachtung gar nicht ungerecht sein, werde jedoch so erlebt.

Die lange, manchmal sogar lebenslange Dauer der Verbitterung kommt dadurch zustande, dass Betroffene oft in einer passiven Opferrolle verharren. Es bildet sich eine Unversöhnlichkeit, die das Verstehen der anderen Seite unmöglich macht. Aus Trotz gehen viele nicht in Therapie, sondern verbohren sich im eigenen Unglück.

Das hat zwar den positiven Nebeneffekt, dass das Umfeld Mitleid bekundet, doch bietet das bloß eine bittere und kurze Befriedigung. Zudem verstärkt Mitleid in diesem Fall bloß die passive Haltung und erschwert aktive Änderungen. Die Krankheit weitet sich auch in andere Lebensgebiete in zerstörerischer Weise aus, wobei die Symptome von Selbstzweifel, Appetitlosigkeit, Depressionen, Phobien und Aggressionen bis hin zu Selbstmordgedanken reichen. Viele vereinsamen und gehen nicht einmal mehr auf die Straße.

Überwinden kann man Verbitterung durch das Loslassen. Verbitterte wollen die absolute Gerechtigkeit hier und jetzt erleben. Man kommt jedoch erst durch die Erkenntnis weiter, dass diese Gerechtigkeit nicht existiert und alles Erlebte bloß relativ ist.

Dass wir zum Opfer von Angriffen, Verletzungen und Schmerzen werden, können wir nicht verhindern. Sehr wohl aber haben wir einen Einfluss darauf, wie wir auf die Angriffe, Verletzungen und Schmerzen reagieren und wie sehr wir unter diesen leiden.

Ich weiß nicht mehr, von wem folgendes Zitat stammt, aber es trifft den Nagel auf den Kopf: **Schmerz ist unvermeidlich, Leiden ist freiwillig.**

Vielleicht klingt es zynisch für Sie, dass Ihr Leiden freiwillig sein soll. Sie würden lieber heute als morgen aufhören, zu leiden, glauben aber, dass dies angesichts des seelischen oder körperlichen Schmerzes, der Ihnen widerfahren ist, unmöglich ist. Sie glauben, leiden zu müssen.

Mit der Einstellung, bei bestimmten Anlässen zwangsläufig leiden zu müssen, begeben Sie sich in die Opferrolle.

Wieso müssen Sie sich (tagelang) ärgern, wenn Dinge schief laufen oder kaputtgehen? Wieso müssen Sie sich (tagelang) verletzt und gekränkt fühlen, wenn Ihr Partner Giftpfeile auf Sie abgeschossen hat und sich dann auch noch über sich selbst ärgern, dass Sie die Worte anderer zu Herzen nehmen?

Wieso müssen Sie deprimiert und verzweifelt sein, wenn Ihnen jemand übel mitspielt? Wieso muss Ihr Tag total vermiest sein, nur weil jemand zu Ihnen eine dumme Bemerkung gemacht hat? Wieso müssen Sie Ihr ganzes Leben unter der Erziehung Ihrer Eltern leiden?

Sie müssen es nicht. Sie müssen nur leiden, wenn Sie den Menschen und dem Schicksal Macht über sich geben, indem Sie sich in eine Opferrolle begeben.

Ich weiß, das klingt hart und wenig mitfühlend. Es ist aber die Realität. Sie selbst fügen sich sehr viel Leid zu, indem Sie sich als Opfer sehen, das keine Wahl hat, über Ihr Leben und Ihre Gefühle zu bestimmen.

Ein unbeschwertes und leichtes Leben macht nicht glücklich. Viel wichtiger ist, dass wir mit unerfreulichen und schwierigen Ereignissen umgehen können.

Wenn Menschen Unerfreuliches erleben, dann entscheidet ihre Einstellung darüber, ob und wie stark sie leiden. Unglücklich und deprimiert ist derjenige, der sich als Opfer der Umstände oder des Schicksals ansieht und glaubt, seine schlechten Karten seien für sein Unglück verantwortlich.

Glücklich ist derjenige, der glaubt, sein Schicksal selbst in die Hand nehmen zu können und trotz widriger Umstände seines Glückes Schmied zu sein.

Glücklich und zufrieden sein heißt nicht, keine unerfreulichen und schmerzvollen Erfahrungen zu machen.

Glücklich sein heißt vielmehr, überzeugt zu sein, über die Kraft zu verfügen, das ändern und beeinflussen zu können, was einem widerfährt; das Leben in die Hand zu nehmen, das Beste aus dem zu machen, was uns die Herausforderungen abverlangen.

Niemand kann Ihnen schlechte Gefühle machen, wenn Sie das nicht zulassen.

Ohne Ihre Erlaubnis kann Ihnen niemand das Gefühl geben, minderwertig zu sein. Ohne Ihre Erlaubnis kann Sie niemand verletzen oder demütigen. Ohne Ihre Erlaubnis kann niemand Sie traurig oder deprimiert machen.

Ohne Ihre Erlaubnis geht gar nichts. Sie haben die Macht, schlechte Gefühle abzuwehren oder zu überwinden, wenn Sie aufhören, sich als Opfer anzusehen und die Verantwortung für sich, Ihr Leben und Ihre Gefühle übernehmen.

Wenn Sie sich für schwach halten, dann machen Sie sich zu einem Schwächling, der sich nicht wehren kann und laden andere ein, auf Ihnen herum zu trampeln. Wenn Sie sich für hilflos halten, dann sind Sie es und machen sich zum Opfer. Wenn Sie sich aufgeben, sind Sie verloren.

Wenn Sie sich für minderwertig halten, dann sind Sie empfindlich wie eine Mimose und fühlen sich leicht und schnell verletzt.

Wenn Sie sich für nicht liebenswert halten, dann fühlen Sie sich ungeliebt. Wenn Sie sich bemitleiden und bedauern, dann machen Sie sich zum Opfer, indem Sie dem Schicksal oder anderen die Schuld für Ihre Lage geben.

Wenn Sie Ihren Selbstwert von der Zustimmung der anderen abhängig machen, sind Sie immer von der Anerkennung der anderen abhängig und sind in der Opferrolle.

Wenn Sie glauben, von anderen abhängig zu sein, dann machen Sie sich zum Opfer der anderen und sind anfällig für Manipulationen durch Ihre Mitmenschen.

Hat es Vorteile, sich als Opfer zu fühlen?

Ja, sich als Opfer zu fühlen, kann Vorteile haben. Wir können die Hände in den Schoß legen und anderen - den vermeintlichen Tätern - die Schuld für unser Unglücklich sein und unser Leid geben.

Wir bekommen vielleicht auch Zuwendung in Form von Mitleid und Trost. Wir können uns selbst bemitleiden und unsere Wunden lecken, was uns zeitweise gute Gefühle macht. Wir können uns als gute und moralische Menschen ansehen - im Gegensatz zu den Bösen, die uns all das Leid zufügen.

Und als Opfer hat man schließlich einen Anspruch auf Entschädigung für das erlittene Unrecht. Die anderen (Menschen, das Schicksal, die Eltern, Gott) schulden uns etwas. Wir können/müssen nichts tun und können uns trotzdem im Recht fühlen.

Diese Vorteile sind jedoch bestenfalls nur Trostpreise, die unser seelisches Leid etwas lindern, aber nicht beseitigen.

Besser wäre es, uns aus der Opferrolle zu befreien. Nur so können wir unsere gegen Angriffe und Verletzungen immun machen, uns Leid ersparen und unser Leben so gestalten, wie wir es möchten.

Wenn wir der einzige Mensch sind, bei dem wir uns beschweren können, wenn wir keine Ausreden mehr gebrauchen und keine Schuldigen suchen, dann leben wir selbstverantwortlich und sind in der Lage, das Beste aus uns und unserem Leben zu machen.

Martina Navratilova, neunfache Wimbledon-Siegerin, erkrankte vor einigen Jahren an Krebs. Sie sagte in einem Interview: Mir war immer klar, dass ich die Dinge, die falsch laufen, egal ob auf dem Platz oder im richtigen Leben, selbst anpacken muss. Ich glaube nicht an das Schicksal oder Verschwörung. Wenn es ein Problem gibt, dann löse ich es. Ich mache keinen Unterschied zwischen meiner Karriere und dem Krebs. Ich will siegen.

Martina Navratilova sah sich nicht als Opfer. Sie wusste, dass man die Verantwortung für sich und sein Leben übernehmen muss, wenn man persönlich und beruflich erfolgreich sein will.

Durch Ausreden, Ausflüchte und Schuldzuweisungen begibt man sich in die Opferrolle und hat so kaum eine Chance, Krisen und Hindernisse erfolgreich zu meistern.

Wer nicht handelt, wird behandelt. Wem wir die Schuld geben, dem geben wir Macht. D.h., passiv bleiben, sich als

Opfer ansehen bedeutet, sich zum Opfer und zum Spielball anderer Menschen zu machen.

Wenn Sie das nicht möchten, dann müssen Sie sich aus der Opferrolle befreien und die Verantwortung für sich, Ihr Leben und Ihr Glück übernehmen.

Solange wir uns als Opfer sehen und uns ungerecht behandelt und benachteiligt fühlen, solange sind wir ungerecht zu anderen, um die vermeintlich offene Rechnung auszugleichen. Vielleicht kennen Sie die Situation: Sie treffen einen Bekannten oder Verwandten und fragen ihn, wie es ihm geht.

Er beginnt, über irgendetwas zu klagen (seine Gesundheit, seinen Job, seine Kinder, die Nachbarn, die Politik, das Wetter, die Wirtschaftslage, ...) und sofort setzen Sie nach und beginnen, in dieses Klagelied einzustimmen.

Ja, vielleicht bemühen Sie sich sogar noch, ihn in seinen Klagen zu übertreffen: „Das ist noch gar nichts. Weißt du, was mir passiert ist ....“

Gewöhnlich tut es uns zuerst einmal gut, zu jammern, zu klagen und uns zu beschweren. Wir fühlen uns quasi vereint im Leid. Und indem wir über unsere Unzufriedenheit, Enttäuschungen und Besorgtheit sprechen, wird es uns vielleicht auch ein bisschen leichter.

Durch das Jammern bekommen wir von anderen in der Regel Aufmerksamkeit, Zuwendung und vielleicht auch

Trost. Die Zuwendung, die wir durch das Jammern bekommen, ist nur ein Trostpreis. Langfristig schadet uns das Klagen und Jammern.

Durch das Klagen und Jammern begeben wir uns in eine Opferrolle und natürlich ändert sich nichts durch unser Klagen.

Klagen und Jammern sind wie in einem Schaukelstuhl zu sitzen. Man verbraucht Energie, um den Schaukelstuhl in Bewegung zu halten, kommt aber trotzdem nicht vom Fleck. Jammern und Klagen sind Energieverschwendung.

Und ehrlich gesagt sind Menschen, die ständig jammern und klagen, auch keine Stimmungskanonen. Sie verderben anderen eher die gute Laune und ziehen einen runter.

Warum jammern Menschen?

Wir Menschen unterscheiden uns darin, wie mir mit einer misslichen oder unfairen Lage bzw. mit Kummer umgehen. Manche Menschen betrachten ihr Elend als eine Angelegenheit, die nur sie selbst etwas angeht und mit der sie ganz alleine klarkommen müssen und wollen.

Andere wiederum lassen ihr Umfeld an ihrem Unglück teilhaben – sie jammern über ihre Situation. Wie werden wir zu Jammerern?

Viele Ursachen können dazu führen, dass wir über unsere Situation jammern. Beispielsweise:

• Unsere Eltern oder nahen Bezugspersonen gehören auch zu den Menschen, die anderen gegenüber über ihr Elend klagen oder klagten. So haben wir uns das Jammern abgeschaut.

• Unsere Eltern haben uns immer dann, wenn wir als Kinder jammerten, Zuwendung geschenkt. So wurden wir dafür belohnt, zu jammern.

• Wir bekamen die Aufmerksamkeit unserer Eltern nur, wenn wir uns bemerkbar machten - und das gelang uns über das Jammern.

• Wir haben in unserer Kindheit erlebt, dass wir Mitleid bekommen, wenn wir anderen unser Leid klagen.

• Unser Jammern hat sich im Laufe unseres Lebens als Strategie bewährt, dass unser Umfeld uns erhört und unliebsame Aufgaben abgenommen hat. So hat sich Jammern z.B. dafür bewährt, Verantwortung nicht tragen zu müssen.

• Wir haben erlebt, dass andere uns trösten, wenn wir ihnen unser Leid klagen. So hören wir die positiven, aufbauenden Gedanken, die wir uns selbst nicht geben können.

Nachteile der Angewohnheit, zu klagen und jammern

• Wenn wir klagen, konzentrieren wir uns auf das, was nicht funktioniert. Wir übersehen dabei alles, was gut läuft.

• Unser Jammern und Klagen führt zu einer Verstärkung unserer negativen Gefühle wie Wut, Hilflosigkeit und Hoffnungslosigkeit. Menschen, die stets jammern, kommen nicht mehr aus ihrer Ich-armer-Kerl-Rolle heraus und fühlen sich als Opfer.

• Je mehr wir uns auf das konzentrieren, was nicht nach unseren Vorstellungen läuft, umso stärker nehmen wir es wahr und umso größer wird es in unserer Wahrnehmung.

• Wenn wir nur jammern und klagen, suchen wir nicht nach Lösungen für das Problem. Wir verharren in dem Zustand, dass uns Dinge stören, belasten, schmerzen und ärgern.

• Manche unserer Freunde sehen uns als undankbar und zu anstrengend. Sie wollen zum einen nicht immer nur unsere Klagen hören. Zum anderen ärgern sie sich, wenn wir deren Lösungsvorschläge nicht annehmen und befolgen.

• Je häufiger wir uns auf das Negative konzentrieren, desto eher kommen wir zu einer generellen negativen Lebenseinstellung, dass das Leben hart, schwierig, ungerecht und hoffnungslos ist.

• Wir haben den Eindruck, keine Kontrolle über unser Leben zu haben. Wir haben den Eindruck, uns bliebe nichts anderes übrig, als zu jammern.

Jammern und Klagen aufgeben - wie lernt man das?

Der erste Schritt besteht darin, zu erkennen, dass Ihnen das Jammern und Klagen schadet. Sich ab und zu mal über Dinge zu beschweren und zu jammern, die Ihnen nicht gefallen, kann entlastend sein.

Wenn Sie sich jedoch dabei ertappen, dass Sie jedes Gespräch mit Klagen füllen oder sogar auch, wenn Sie alleine sind, mit dem Schicksal hadern, dann sollten Sie das Jammern aufgeben.

1. Entscheiden Sie sich bewusst dafür, nach den Dingen in Ihrem Leben zu suchen, die gut laufen.

Womit sind Sie zufrieden? Was entspricht Ihren Vorstellungen? Wofür können Sie dankbar sein? Dann werden Sie auch die damit verknüpften positiven Gefühle wie z.B. Freude und Dankbarkeit verspüren.

2. Konzentrieren Sie sich darauf, was Sie im Leben möchten und wie Sie es erreichen können.

Jammern ist Energieverschwendung und ein Energieräuber. Nutzen Sie Ihre Energie lieber, aktiv nach Lösungswegen zu suchen. Dann verspüren Sie Hoffnung und bekommen wieder Kontrolle über Ihr Leben. Loben Sie sich für jeden kleinen Schritt, den Sie vorankommen.

3. Meiden Sie Menschen, die nur jammern oder lenken Sie im Beisein dieser Menschen das Gespräch bewusst auf andere Themen.

Jammern und Klagen kann genauso ansteckend sein wie eine Grippe. Unterbrechen Sie Ihren Gesprächspartner und unterhalten sich mit ihm über etwas Positives.

4. Wenn Sie mit etwas in Ihrem Leben unzufrieden sind, dann ändern Sie es. Wenn das nicht geht, dann ändern Sie Ihre Einstellung dazu.

In welcher Welt will ich leben?

In immer mehr Menschen wächst der Wunsch, anders zu leben: harmonischer, erfüllter, nachhaltiger. Nicht selten wird der oder die Einzelne dabei aber von der scheinbaren Undurchdringlichkeit einer egoistischen und materialistischen Gesellschaft und Welt entmutigt: „Was kann ich denn schon alleine bewirken …?"

Tatsächlich geht es wohl Millionen von Menschen so – Millionen von Menschen, die darauf warten, dass die Welt sich ändert, oder die anderen sich zuerst ändern. Bei sich selbst zu beginnen, den ersten Schritt selbst zu tun, scheint noch immer schwierig. Dabei ist eigentlich klar: „Warte nicht auf andere – denn die warten auf dich!"

Was also fehlt, scheint nach wie vor die derzeit vielzitierte Vernetzung zu sein. Eine Gemeinschaft der Gleichgesinnten. Menschen, die nicht nur von einer anderen Welt träumen sondern konkret etwas ändern. Zuallererst bei sich selbst.

Heute regieren die Reichen und Mächtigen, auch wenn uns täglich vorgespielt wird, dass es um die Gleichheit von allen geht. Dabei leben wir schon längst in einer Oligarchie, vergleichbar mit der im 19. Jahrhundert. Wir nennen sie heute nur alternativlos. Das Unwort des Jahres aus 2010. Geprägt von der Kanzlerin Angela Merkel, um

selbst die krüdesten politischen Entscheidungen durch-
zusetzen.

Wir verehren die ungebremste Expansion von höher,
weiter, schneller. Das ist die darwinistische Idee der
Gesellschaft. So gesehen haben wir aufgegeben, mit Vernunft und Augenmaß die Welt zu gestalten. Und wir
verehren sie, die Stars und Übermenschen dieser neuen
Ordnung. Wir verehren also nicht nur die Sieger, wir
verachten auch die Verlierer.

Wir brauchen eine Idee, wie das Leben aussehen könnte.
Wie sieht ein Tag aus? Wie sieht eine normale Woche aus,
wer macht was, wann? Eigentlich ist unsere Gesell-
schafts-Idee der Hyperaktivität eine Flucht vor dieser
Frage. Wer müsste jetzt welche Aufgaben übernehmen
und wie viel würde er dafür bekommen? Und bekommen
heißt ja einerseits Einkommen und andererseits Anerkennung.

Was bekomme ich dafür, dass ich ein Kind groß ziehe?
Was bekomme ich dafür, dass ich mich um alte Menschen
kümmere, dass ich demonstriere für den Frieden und mich
für die Menschlichkeit einsetze?

Die Suche nach einem besseren Leben ist mühsam. Viel
zu lange haben wir uns daran gewöhnt, dass sich immer
mehr Leitplanken des Lebens verschieben oder gänzlich
verlorengehen.

Sozialer Ausgleich, Achtung der Menschenwürde und das Gefühl, dass es einigermaßen gerecht zugeht, wird mehr und mehr in Frage gestellt.

Das Schlagwort „Ich-Gesellschaft" entsteht unter anderem im Zuge der Entfremdung menschlicher Beziehungen, d.h., egoistische Werte dominieren das Gesellschaftsleben. Korruption spielt eine große Rolle. Der Einzelne wird zum bezahlbaren Objekt. Dies führt zu sozialer Kälte und zur Entsolidarisierung; Gemeinsinn und Mitmenschlichkeit kommen nicht mehr zum Tragen. Der Anteil normaler Arbeitsverhältnisse ist rückläufig, prekäre Beschäftigungen nehmen deutlich zu. Als eine gravierende reale Folge wird die Kinderfeindlichkeit gesehen. Kinder fallen der Ich-Gesellschaft lästig, Erziehung und Entwicklung ist nicht mehr angesagt.

Wenn wir es schaffen, neugierig zu sein, Fremdem eine Chance zu geben und uns auf Unbekanntes einzulassen, dann schaffen wir es vielleicht auch, Dinge zu erreichen, die jetzt unmöglich erscheinen. Eine Gesellschaft, die bereit ist, sich auf Neues einzulassen und die Welt mit offenen Armen empfängt.

Beim genaueren Hinschauen merkt man aber, dass die Ursachen dieses Trends zur Ich-Gesellschaft wohl darin liegen, dass in unserem Lande der Wertekonsens zerfällt, wenn es ihn überhaupt noch gibt. Diese Entwicklung steht in einem direkten Zusammenhang mit dem Wandel des Verständnisses von Freiheit: Man hat – etwas plakativ formuliert – die Freiheit von allen anderen Werten entkoppelt, die damit untrennbar und zwingend verbunden sind. Und um diese Werte geht es letztlich im hier gemeinten Wertekonsens und in der Forderung nach einer Werte-Diskussion.

Die von einer Minderheit betriebene Maßlosigkeit in der Entlohnung, die zugespitzten Renditevorstellungen von immer mehr Unternehmen, die Kasino-Mentalität vieler Finanzakteure, das aktive und passive Auseinander-Dividieren von Staat, Wirtschaft und Gesellschaft haben letztlich zu diesem Unbehagen geführt, das sich seit längerem bemerkbar macht.

Es ist keine hundert Jahre her, da war man in Deutschland mehrheitlich sicher, dass Kinder unbedingt Prügel brauchen, um passabel geraten zu können. Und warum überhaupt Glück als Ideal ausgeben? Hat Sigmund Freud nicht ein für alle Mal festgestellt, dass mehr nicht zu machen sei, als unerträgliches Leiden in normales menschliches Unglück zu verwandeln?

Wir brauchen mehr denn je etwas Verlässliches. Ein möglicher Weg, diese Zustände zu verändern, ist ziviler Ungehorsam im Sinne der Verweigerung gegenüber sinnlosen Jobs und dem Konsum sinnloser Produkte. Was dabei „sinnlos“ bedeutet, muss natürlich jeder Mensch für sich selbst entscheiden.

Ein klares „Nein“ zu Stromtrassen, „Nein“ zu Windrädern. „Nein“ zu Sendemasten vor Kitas, „Nein“ zum Freihandelsabkommen TTIP, „Nein" zu den Olympischen Spielen in Hamburg. Das war schon mal ein Anfang.

Das Land, in dem einst Ordnung als erste Bürgerpflicht galt, scheint zu einer Nation von Neinsagern geworden zu sein, mit dem „Dagegen sein" als Leitmotiv.

Die Abfuhr für die Hamburger Olympia-Bewerbung zum Beispiel war in erster Linie eine Reaktion auf eine immer monströsere Kommerzialisierung des Sports, der sich spätestens seit den Skandalen um die internationalen Dachorganisationen FIFA und DFB längst von der noblen olympischen Idee verabschiedet hat.

Auf der anderen Seite formieren sich die sogenannten Wutbürger, die sich mit ihren Problemen von der Politik alleingelassen fühlen. In einer globalisierten Welt werden die Probleme nicht mehr gelöst, sondern vertuscht und verschwiegen. Oder mit Krawall und Hass ausgetragen – siehe Gelbwesten.

Die Neinsager sind ein Symptom für eine zunehmend verunsicherte Gesellschaft, die sich einer unendlichen Reihe von Krisen ausgesetzt fühlt. Ukrainekrise, Euro-Krise, Flüchtlingskrise, Terrorismusängste - solche Themen, auch von den Medien befeuert, sind alles andere als eine Ermutigung für den mündigen Bürger.

Die Politik hat es nicht geschafft, viele Zusammenhänge und Entscheidungen verständlich und nachvollziehbar zu erklären. Damit hat sie ihre Bürger unterschätzt. Ehrliche, auch unbequeme, vielleicht sogar schmerzhafte Wahrheiten sind zumutbar, wenn ein klares Ziel vorgegeben wird - auch auf das Risiko, Wählerstimmen zu verlieren.

Zuletzt gibt es zahlreiche Ansätze – wie etwa das Bedingungslose Grundeinkommen. Ziele, die versuchen, eine neue Vision der Gesellschaft zu entwickeln. In einigen Ländern, wie etwa der Schweiz, wäre ein System wie das Grundeinkommen mit etwas Engagement der Bevölkerung vermutlich zeitnah durchsetzbar. Von oben allerdings werden solche Veränderungen wohl kaum zu erwarten sein.

Es braucht eine Neudefinition von Arbeit, mit einer Diskussion, die sich vor allem daran orientiert, welchen Beitrag eine Arbeit für die Gesellschaft wert ist. Warum werden eine Mutter oder ein Vater nicht bezahlt, ein Investmentbanker aber schon? Vor allem die Arbeiten, die anderen Menschen wirklich helfen, sollten nicht am Rande der Gesellschaft stehen, sondern in ihrer Mitte.

Die Welt, die wir jetzt wahrnehmen, wird nie mehr die Welt früherer Generationen sein. Sie ist gerade im Begriff, sich mehr und mehr zu häuten.

Alte Energie in Form von materiell orientierter Denkweise wird nach und nach abgelöst von höherer Schwingungs-Energie.

Nicht nur Spiritualität wird für jeden Einzelnen wichtiger, sondern auch das EGO-Bedürfnis des einzelnen nimmt ab.

Wenn wir offenen Auges auf die Welt schauen, werden wir überall Zeuge von Veränderungen und Verwerfungen.

Unser Finanzsystem steht am Rande des totalen Kollapses, das Klima wird immer extremer. Die Wahrheitsbewegung im Internet spricht dafür, dass viele Menschen gerade „erwachen" und nach der Wahrheit suchen. Wahrheiten werden von immer mehr Menschen gesucht und kommen ans Tageslicht (Klimalüge, Politikskandale, Missbrauchsskandale, dubiose Machenschaften der Pharmaindustrie und nahestehenden Organisationen. Unabhängige Nachrichten-Webportale und Blogs, die an offiziell verbreiteten Meinungen zweifeln und sie hinterfragen, verbreiten sich im Internet explosionsartig.

Neue gesundheitliche und auf der Natur basierende Heilungskonzepte, die von der Pharmaindustrie verschwiegen und torpediert werden, werden bekannt (kolloidales Silber, MMS, Neue Germanische Medizin von Dr. med. Ryke Geerd Hamer, Medizin zum Aufmalen von Erich Körbler).

Genau in diese reinigende Energie steuert die Menschheit jetzt hinein, um mit ihr in Resonanz zu treten. Jede Körperzelle ist an diesem Prozess beteiligt, und die Beschleunigung wird zunehmen, je mehr Menschen daran beteiligt sind. Wir werden schonungslos mit unseren eigenen Problemen und Ängsten konfrontiert. Aber nicht jeder wird davon profitieren. Den Mächtigen ist die Veränderung der Erde sicherlich bekannt.

Nur wer für einen Wandel bereit ist, wer die Trinität von Körper, Geist und Seele annimmt, wird den Wandel und die Abfolge schmerzhafter Prozesse im Denken und Fühlen spüren. Dabei erreichte die Zeitqualität in den letzten vier Jahren einen derart hohen Energiezustand, der es möglich machte, dass sich unsere Absichten und Gedanken immer schneller manifestieren, im Positiven wie im Negativen. Die Cäsium-Atomuhren im Bundes-Eichamt in Boulder /US-Colorado mussten bereits 1992 zweimal und 1993 einmal nachgestellt werden, da die Tage um Millisekunden kürzer wurden.

Alles was existiert, sind vibrierende Atome, auch das Mikrowellenfeld. Da die Atome immer schneller vibrieren, erscheint es uns so, als würde die Zeit schneller vergehen. Auch der „Computer Mensch" strebt mit jeder Zelle seines Körpers eine perfekte Resonanz mit dem Schwingungsmuster der Erde an. Dabei werden wir durch Leid, Krankheit und unser Bauchgefühl auf jene Bereiche aufmerksam gemacht, in denen sich disharmonische Frequenzen festgesetzt haben. Sie müssen neutralisiert und geheilt werden.

Ist dieser Zustand erreicht, sind Gedanken- und Gefühls-muster gereinigt, ist der Schritt in die nächsthöhere Resonanzstufe möglich. Bei diesem Prozess treten beim Menschen starke seelische Erschütterungen in Form von emotionalen Entladungen, Wut, Angst, Depressionen und psycho-somatischen Störungen auf. Bis hin zu Extremen wie Schmerz und Glück.

254

Erst, wenn die eigene Schwingung wieder einen harmonischen Punkt erreicht, sind wir völlig an die Energiestrukturen der Schöpfungs-Matrix angeglichen. Auf diese Weise bietet die Evolution reichlich Arbeitsstoff, um zu lernen. Wie in diesem Buch mehrmals erwähnt, wird erst aus Chaos eine neue Ordnung entstehen können. Keine "Neue Weltordnung," wie es uns die sog. Illuminaten vorreden. Bis es jedoch so weit ist, haben wir noch einiges vor uns, und wir sollten diesen Veränderungen mit Aufmerksamkeit und wachen Sinnen entgegenblicken.

Big Data frisst Hirn

Schaut man sich um im Lande, scheint das Handy so etwas wie das neue Familienoberhaupt zu sein. Jene Instanz, die bestimmt, wann wir reden, wann wir schweigen, wann wir essen. Letztlich und hintergründig, so Professor Manfred Spitzer, Psychiater und Direktor an der Universität Ulm, „geht es um Sucht". Menschen sind Informations-Junkies, wollen immer wissen, wer mit wem und warum. Dieses Bedürfnis stillen gerade die sozialen Online-Netzwerke, ohne dass man dabei wirklichen Kontakt hat. Facebook und Co. sind für unser Bedürfnis nach Kontakt das, was Popcorn für unseren Hunger ist: Luft und leere Kalorien.

Im Klartext bedeutet das: Wir werden nicht satt und wollen immer mehr. In der Praxis versklavt sich der Mensch ständiger Erreichbarkeit und geht ans Telefon, um zu sagen, dass er nicht zu sprechen ist. Sieht so Freiheit aus? Ursächlich ist es aber nicht die Digitalisierung, die uns unfrei und abhängig macht. Es ist immer noch unsere eigene Entscheidung, ob wir am Ende des Tages „zu digitalen Leibeigenen" geworden sind.

Und wir ertrinken in einem permanenten Informations-Tsunami. Dabei ist Googeln nicht identisch mit Wissen. Googeln ist ein Reflex, Wissen aber ein Prozess. Wissen braucht Hirn.

Wissen Sie, woran Sie denjenigen erkennen, der am meisten weiß? Das ist der, der die besten Fragen stellt. Und damit meine ich nicht die obligatorische Facebook-Frage: „Was machst du gerade?" Oder die Google-Frage: "Öfter hier? Google als Startseite festlegen!"

Leider kommt es noch schlimmer. Ganz offensichtlich sind die Menschen so blöd wie nie zuvor. Zu diesem Ergebnis jedenfalls kommen niederländische Hirnforscher in einer aktuellen Studie. Bei Handy-Viel-Telefonierern maßen die Forscher erhöhte Delta- und Theta-Werte sowie eine verlangsamte Alpha-Aktivität. Ein Phänomen, das laut Martijn Arns, einer der maßgeblich an der Studie beteiligten Wissenschaftler, auch bei Alzheimer-Patienten zu beobachten ist. Es kommt förmlich zu einer digitalen Demenz.

Das reale Erfassen von Zusammenhängen, der Kontakt mit anderen Menschen, die Berührung, die sinnliche Wahrnehmung und die Fähigkeit zur Empathie fördern die Intelligenz und vermitteln echtes Wissen. Das weiß die Wissenschaft seit eh und je und kommt zu dem Schluss: "Nur wer miteinander redet, weiß mehr".

Die virtuellen Kontakte hingegen befördern keine Mimik, keine Gestik, keine Emotionen. Die digitalen Nutzer verhalten sich reaktiv statt aktiv. Kritik, die durch eine Studie aus China belegt wird, wonach 50 Prozent der Schüler nur noch Kürzel in den Computer eintippen und nicht mehr fähig sind selbst zu schreiben.

"Die können noch nicht mal ein Pappschild mit ‚Hilfe'! beschriften!"- ist das Fazit von Psychologe Prof. Manfred Spitzer.

Dabei ist das Hirn mit Abstand das formbarste Organ des Menschen. Seine Hirnstruktur wird umso dichter, je mehr es trainiert wird. Selbst Eiweißablagerungen, bekannt als Morbus Alzheimer, führen laut Neurobiologie nicht automatisch zur Demenz. Je früher der Geist kontinuierlich trainiert wird und richtig (denktechnisch) auf Trab kommt, umso länger dauert der Abstieg.

Die Antwort auf die Frage, was man denn tun kann, um dem geistigen Verfall vorzubeugen, besteht nach Meinung der Wissenschaft nicht im Kreuzworträtsel oder Sudoku lösen. „Vergessen Sie den ganzen Kram, schaffen Sie sich einen Enkel an", so Spitzers Rat. Kreuzworträtsel seien viel zu einfach. Ein kleines Kind in seiner Komplexität und seinem Wissensdurst fordere den Geist deutlich mehr. Kinder lernten schnell und viel. Diese Fähigkeit sei ein Geschenk, das gefördert werden müsse und von dem auch Erwachsene lernen können. Je mehr das Lernen gepflegt werde, umso länger bleibe der Mensch geistig fit. Jeder Euro, der in einen Kindergarten und in die Bildung von jungen Menschen gesteckt werde, zahlt sich mehrfach aus.

Eine These, die viele Profis im Bereich Bildung und Erziehung fast schon gebetsmühlenartig im Munde führen, von politisch Verantwortlichen aber nur halbherzig oder gar nicht umgesetzt wird.

Manfred Spitzer jedenfalls ist einer der bedeutendsten deutschen Hirnforscher und genießt weltweit Anerkennung, auch wenn er sich ständig mit politischen Meinungsführern anlegt. Sein Bestseller "Digitale Demenz", das im August 2012 erschien und wochenlang auf der Spiegel-Hit-Liste ganz oben zu finden war, ist immer noch lesenswert. Nationalen Ruhm erlangte er damals mit dem Zitat: "Unser Gehirn ist kein Schuhkarton. Je mehr Wissen drin ist, umso mehr passt auch noch rein".

Aber unser Gehirn ist nicht nur neuronal bewegungsbedürftig, es ist auch im höchsten Maße sensibel. Fast schon eine Mimose, was Stress und Druck angeht. Was uns zu der Frage bringt: Brauchen wir, braucht unser Hirn eigentlich diesen entarteten, digitalen Wahnsinn? Immer mehr zerstörerische Kräfte wirken auf unsere Gesundheit ein und werden uns dennoch als technologischer Fortschritt verkauft. In Wahrheit geht es an unsere Lebenskräfte und an den Rest unserer bereits degenerierten Hirne.

Der Mobilfunk ist das neue Asbest im 21. Jahrhundert!

Und weil sich kaum jemand der Gefahren dieser lebensfeindlichen Strahlung bewusst ist, ist Aufklärung notwendiger denn je. Vom Bienensterben über Autoimmunerkrankung bis hin zu Krebs und Alzheimer. Gepulste elektro-magnetische Felder dringen tief ein in unsere Zellen, Kinder und Jugendliche sind besonders gefährdet. Was weltweit stattfindet, ist ein biologischer Großversuch.

Es ist das, was Heinrich Heine, der kritischste Denker der
„Romantischen Schule" (1770 –1850) bereits damals
formulierte: Ein „ekelhaftes Gemisch von gotischem
Wahn und modernem Lug". Und Shakespeare ergänzte:
„Ist dies schon Wahnsinn, so hat es doch Methode".

Um die fatale und methodische Gefährdung der Volks-
gesundheit durch die moderne Telefontechnik zu
verstehen, ist es notwendig, einige Grundbegriffe der Bio-
physik zu verinnerlichen.

Jeder Gedanke, jede Bewegung, jede Funktion des
Körpers und jeder Heilungsprozess werden durch elektr.
Nervenimpulse zwischen Gehirn, Gliedmaßen, Organen,
Drüsen etc. bestimmt und koordiniert. Bei jeder Bewe-
gung, jedem Herzschlag, beim Denken und bei der
Selbstheilung spielen elektrische und elektro-magnetische
Felder die Hauptrolle.

Feinste Gleichstrom-Mikroströme (normal 60-70 Milli-
ampere) fließen auf geordneten Bahnen durch unseren
Körper und sichern unser Wohlbefinden. Dieses Gleich-
strom-System steht in enger Verbindung zum Immunsystem, zum Blut und zu den vielfältigen Funktionen der
körpereigenen Botenstoffe (Transmitterstoffe).

Bei den meisten organischen und psychischen Störungen
und Erkrankungen haben die Zellen eine zu geringe Zellspannung (bei Krebs nur noch ca.10 mV). Ist der elek-
tromagnetische Zustand, die Zellspannung also zu gering,

werden die normalen Energieflüsse gestört oder unter-
brochen.

Gleichzeitig verändern sich auch zahlreiche Faktoren im
Blut, den Lymphen, Drüsen, Geweben etc.

Dieser Energiemangel schafft ein Milieu, in dem Parasiten
und andere Krankheitserreger leichter in die Zellen
eindringen können, sich dort vermehren, in verschiedene
Stadien entwickeln und ausbreiten. Parasiten dienen wiederum Bakterien und Viren als Zwischenwirt und ver-
seuchen den Körper ständig mit einer Flut von Aus-
scheidungs-Stoffen und Antigenen.

Bereits im Oktober 1998 kamen auf einem internationalen
Symposium der Universität Wien namhafte Experten der
medizinischen Hochfrequenzforschung zu dem Ergebnis,
dass biologische Effekte von Hochfrequenzen im Niedrig-
Dosisbereich für eine ständige Schwächung des Immunsystems und damit zu chronischen Krankheitsverläufen
führen können. Die Richtigkeit dieser Bedenken wurde in
den folgenden Jahren durch mehr als 10.000 Veröffentlichungen untermauert (Dokumentationsstelle ELMAR,
Basel).

Alleine in der Bundesrepublik sorgen inzwischen über
140.000 Mobilfunk-Sendeanlagen für eine 24-stündige
Bestrahlung der Bevölkerung. Überdies ist man dabei, das
gesundheitlich risikolose Telefon-Festnetz völlig abzuschaffen und durch die höchst bedenkliche Digital-Funk-
technik zu ersetzen. Dabei werden die Signale nicht mehr

über Leitungen übertragen, sondern als gepulste Datenpakete. Diese digitalisierten und gepulsten Signale werden durch den Äther geleitet und jedes belebte Wesen wird auf diese Weise „technisch getaktet".

Die Signale dieser Geräte gelten als besonders kritisch. Digitalisiert heißt nämlich, dass das Funksignal zum „Stottern" gebracht wird. Es ist kein durchgängiger Datenfluss, wie bei einem analogen Signal, bekannt vom herkömmlichen Radio oder Fernsehen. Es sind kurze, aber starke Signalstöße. Beispielsweise 100 oder 200 Signalimpulse pro Sekunde.

Zur besseren Vorstellung ein Beispiel: Wir kennen so was von der Bohrmaschine. Mit einem normalen Gerät ist es schwer, in Stein ein Loch zu bohren. Ein Schlagbohrer schafft dies, bei gleichem Kraftaufwand, wesentlich leichter. So kann man sich auch die verstärkte digitale Wirkung in unserem Körper vorstellen. Die natürlichen Nervenimpulse werden von den Funkwellen überlagert und verändern sich.

Das California Institute of Technology (Prof. Kirschvink) führte bereits zwischen 1992 und 1998 zahlreiche Studien durch und konnte dabei nachweisen, dass die Milliarden magnetischer Kristalle im Gehirn als „Empfangsantenne" für die Pulssignale wirken.

Übertraf die Strahlenexposition die Grenze von einem Tausendstel Watt, so zeigten sich auf den magnetischen Resonanzbildern schwarze Pünktchen in der Gehirnsub stanz, was mit einem Aufbrechen der Blut-Hirn-Schranke erklärt wurde.

Ein Versuch von dänischen Schülerinnen sorgte unlängst für Aufsehen: Die Mädchen wollten die Auswirkungen von Strahlung durch WLAN-Routern testen. Sie kauften zwei kleine Kästen mit Gartenkresse-Samen und stellten eine in einen Raum mit einem WLAN-Router, die andere in ein anderes Zimmer ohne Router. Die Mädchen achteten darauf, dass die Räume bis auf den WLAN-Router nahezu identisch waren. Es herrschte annähernd die gleiche Temperatur und die gleiche Lichteinstrahlung. Penibel achteten sie auch darauf, dass die Samen die gleiche Menge Wasser bekamen.

Das Ergebnis nach zwölf Tagen: Die Samen in dem Raum ohne WLAN-Router waren prächtig gediehen, in einem satten Grün. Komplett anders verhielt es sich im anderen Zimmer: Die Kresse war braun, kaum entwickelt - und sogar leicht mutiert. Anschließend machten die Schülerinnen den Test noch einmal - mit gleichem Ergebnis.

Auch wenn das Schülerexperiment keinen Anspruch auf wissenschaftliche Gültigkeit erhebt, stellt sich die Frage: Wenn die Strahlung, die ein WLAN-Router sendet, offenbar solch eine Wirkung bei einer Pflanze hervorrufen kann, was für Auswirkungen hat sie dann für den Menschen?

Um die Strahlenbelastung durch einen WLAN-Router zu reduzieren, ist es ratsam, dass beim Arbeiten mit dem Laptop das Notebook nicht ständig auf dem Schoß des Nutzers liegt, während der WLAN-Router in unmittelbarer Nähe steht.

Oder man verzichtet zu Hause ganz auf WLAN und geht per Netzwerkkabel ins Internet. So wie Professor Edmund Lengfelder, Deutschlands führendster Strahlenbiologe zu Hause keinen WLAN-Router installiert. Das sollte uns zu denken geben.

Bedauerlicherweise wird die Diskussion über diese Gesundheitsrisiken durch massiven Interesseneinfluss „gelenkt". Weder die Politik noch die wissenschaftlichen Kreise der Kommunikationstechnik dokumentieren jene Unabhängigkeit, die angesichts der Gefahren und der bereits eingetretenen Schäden erforderlich wäre. Bedauerlich ist auch eine „Beharrungs-Energie" in Berichten und Veröffentlichungen der offiziellen Stellen und der interessierten Kreise, die trotz besseren Wissens immer weiter desinformieren, verwässern, abtauchen, mauern und mit Verschwörungstheorien belegen. Selbst die Vertreter der Medien und des investigativen Journalismus spielen hier keine rühmliche Rolle. Es kommt nichts von denen, deren journalistische (und ethische) Pflicht es eigentlich wäre, nachzufragen und aufzudecken.

Ist es zu weit hergeholt, wenn man vermutet, dass man keine Anzeigenkunden verlieren will und Desinformation zum geldwerten Tagesgeschäft gehört? Oder ist es einfach nur schlichte Unfähigkeit?

Und was die Politik betrifft, muss zukünftig gesetzlich geregelt sein, dass nicht Betroffene den Nachweis bringen müssen, dass Mikrowellenstrahlung und WLAN-Router gesundheitsschädlich sind, sondern der Hersteller muss – durch unabhängige Gutachten – nachweisen, dass sie unbedenklich sind. Und das sollte unabhängig und verlässlich geprüft werden. Im Zweifel darf es keine Zulassung und Einrichtung in Schulen, Kindergärten und öffentlichen Einrichtungen geben.

Ein Whistleblower packt aus

Viele Mobilfunk-Insider werden den Namen Barrie Trower schon mal gehört haben. Der Brite hat nach dem Ende seiner Tätigkeit in der britischen Militärforschung mit Schwerpunkt „Mikrowellen-Waffen" sein Schweigen gebrochen und damit die Mobilfunkindustrie samt politischer Auftragslobby in Erklärungsnot gebracht. An vorderster Stelle beunruhigen seine Aussagen zum kommenden Mobilfunkstandard 5G, weil die Frequenzen sehr viel Ähnlichkeit mit der Strahlenwaffe „Active Denial System (ADS)" haben, die unter anderem für die Kontrolle großer Menschenansammlungen eingesetzt wird.

Mikrowellen kommen in der Radartechnik, im Mikrowellen-Herd sowie in unseren drahtlosen Telekommunikations-Systemen wie Mobilfunk, Bluetooth oder WLAN zum Einsatz.

Barrie Trower lässt auch keinen Zweifel aufkommen, dass ganz am Anfang die russischen Mikrostrahlen-Experten die Angestellten der US-Botschaft in Moskau als Versuchskaninchen ausgesucht haben, um ihre digitalen Waffen zu testen. Mit Erfolg, denn der Beschuss mit den unsichtbaren Mikrowellen führte bei über 50 Prozent der Mitarbeiter zu Erkrankungen bis hin zum Krebs. Und erst im September 2018 war zu lesen, dass in den Botschaften der USA in China und Kuba „mysteriöse Krankheiten" entstanden seien.

Viel weitreichender sind jedoch die neuen Enthüllungen, die Trower zum Behörden- und Polizeifunk TETRA preisgibt.

„TETRA", was abgekürzt für „terrestrial trunked radio" (ursprünglich als „trans european trunked radio" angedacht) steht, ist eine sog. Digitalfunktechnik, die in 127 Ländern von den Geheimdiensten, der Küstenwache, der Polizei und dem Militär genutzt wird, und die Amerikaner sind befähigt, jedes einzelne Gespräch weltweit abzuhören. Angeblich war es Präsident Bush, der den damaligen britischen Premier Tony Blair beauftragte „bring es nach Europa, dann können wir jedes einzelne Wort hören, was dort gesagt wird".

Die Technik gilt unter Experten längst als veraltet, ist äußerst störanfällig, wenig effektiv und kommt dem Steuerzahler äußerst teuer. Das weitaus wichtigste

Argument gegen TETRA-Funk liegt aber in der enormen Gesundheitsgefährdung, die von dieser Technik ausgeht!

Tetra-Funk sendet dauerhaft, 24 Stunden am Tag, nicht bedarfsgeregelt, in Frequenzen, die für den menschlichen Körper biologisch sehr wichtig sind. Die benutzten relativ niedrigen Trägerfrequenzen von ca. 400 Megahertz können tiefer in den menschlichen Körper eindringen als beispielsweise die Strahlung des für Handy-Telefonie genutzten "Mobilfunks" (Trägerfrequenzen 900 und 1800 Megahertz).

Dazu kommen die beim Tetra-Funk sehr gesundheitsschädigenden Pulsungsfrequenzen von 17,65 Hertz, die im Bereich der Betawellen der Gehirnaktivität und auch nahe an der Resonanzfrequenz bestimmter Zellkommunikations-Systeme liegt, von 70,6 Hertz, die im Frequenzbereich der elektrischen Aktivität der Muskeln liegt sowie von 0,98 Hertz, die im Bereich der Herzrhythmik liegt.

Als Folge der Exposition ist deshalb u.a. mit Schädigungen des Immunsystems sowie der Regulation des Erbgutes (chronische Erkrankungen, Krebs), mit Neurotransmitterstörungen im Gehirn, Schlaf- und Konzentrationsstörungen, Erschöpfungszuständen, Depressionen, und vielen anderen Beschwerden zu rechnen.

Derweil geht die Vernetzung aller Dinge fröhlich weiter, so als wären die Erkenntnisse der Wissenschaft nicht vorhanden. Dieser Kontext ist auch vor der aktuellen Diskussionen um ein flächendeckendes WLAN an Schulen und öffentlichen Gebäuden zu sehen. Die Kinder werden wahrscheinlich einen genetischen Schaden in der Keimbahn davontragen, der irreparabel ist und somit immer weiter in der Familie vererbt wird.

Für Prof. Dr. med. Karl Hecht, ehemaliger Leiter der Charite in Berlin bedeutet das: „Ich würde sagen, es besteht aufgrund der neuen Mobilfunkstandards eine hohe Wahrscheinlichkeit, dass innerhalb von drei Generationen nur mehr eins von acht Neugeborenen gesund sein werden. In einem Zeitraum von fünf Generationen könnten ganze Spezies aussterben. Das hängt damit zusammen, dass Bakterien aufgrund der neuen Strahlenbelastung in schädliche Super-Bakterien mutieren können." Das sind in der Tat grausige Aussichten!

Klimawandel: Gesteuerte Hysterie

Gibt es nun einen Klimawandel oder nicht? Diese Frage muss man zweifellos bejahen. Von 1850 bis 2000 ist die globale Durchschnittstemperatur um 0,6 Grad Celsius angestiegen, das entspricht durchschnittlich 0,04 Grad pro Jahrzehnt. Diese Anstiegsrate gilt auch für die Zeit seit 1940 bis heute, sie blieb also linear und wuchs nicht etwa exponentiell. Aber der Krawall um das Klima zeigt mittlerweile militante Züge. Das Schüren von Urängsten steigert die Auflage beziehungsweise die Einschaltquoten.

Jeder Sturm ist Vorbote der Apokalypse, jeder nur etwas kältere/wärmere Winter verheißt den Weltuntergang, jeder Nieselregen das meterhohe Ansteigen des Meeresspiegels – keine Frage: die Aktivisten und Propagandisten der Klimarettung überziehen in ihren Kampagnen die Botschaft oft gewaltig. Und - ein Teil der Klimatologen – rigoros die natürlichen Ursachen der Klimaveränderung, insbesondere die Einflüsse der Sonne und die langfristigen Schwankungen im Meereskreislauf.

Was haben Astronomen, Biologen und Meteorologen für gewöhnlich gemeinsam? Es ist die Ehrfurcht! Die Ehrfurcht vor der Unendlichkeit des Weltalls, die Ehrfurcht vor dem Reichtum wie der Vielfalt an Leben, die Ehrfurcht vor der Mannigfaltigkeit und Veränderlichkeit von Wetter. Ohne ein pragmatisches Verhältnis zur Natur und ohne die Fähigkeit zur praktischen Gestaltung seiner Lebenssphäre hätte er nicht leben und sich kulturell entwickeln können. Erst spät begann er, die Natur zu entmystifizieren und ihre Geheimnisse zu entschlüsseln.

Die Erde als „Treibhaus" ist ein reines Gedanken-Experiment, das mit Wissenschaft nichts zu tun hat, denn dann müsste es jederzeit nachgebaut, reproduziert und überprüfbar werden können, was nicht der Fall ist.

Aber erinnern wir uns zunächst, wann alles begann. Wir schreiben das Jahr 1972. In St. Gallen findet unter Federführung des Club of Rome ein internationales Symposium statt, in dessen Mittelpunkt die Zukunft der Weltwirtschaft, die Grenzen des Wachstums, Geburtenkontrolle und Umweltverschmutzungstand.

In einem Auszug der zentralen Schlussfolgerungen heißt es: „Auf der Suche nach einem neuen Feind, der uns vereint, kamen wir auf die Idee, dass sich dazu die Umweltverschmutzung, die Gefahr globaler Erwärmung, Wasserknappheit, Hunger und dergleichen gut eignen würden.... Alle diese Gefahren werden durch menschliches Eingreifen verursacht... Der wirkliche Feind wäre dann die Menschheit selbst...." Und ganz am Ende heißt es: „Ganz neue Vorgehensweisen sind erforderlich, um die Menschheit auf Ziele auszurichten, die anstelle weiterer Wachstums auf Gleichgewichtszustände führen. Niemand darf sich mehr an Zusammenbruchs-Szenarien unschuldig fühlen." (Quelle King & Schneider, 1991)

Und so kam es dann auch. Wenig später wurde dann der Klimawandel zum neuen Höllenfeuer erklärt, vor dem die Welt gerettet werden muss. Eine distanzierte, journalistische Kommentierung war weder gewünscht noch erlaubt. Wer es dennoch wagte, wurde schnell zum Klimaleugner erklärt. Auch das eine dümmliche Stigmatisierung, weil niemand leugnet, dass es ein Klima gibt, so wie kein Mensch auf die Idee käme zu bestreiten, dass es ein Wetter, eine Rushhour oder eine Grippewelle gibt. Es ist auch kein Zufall, dass „Klimaleugner" wie „Holocaust-Leugner" klingt. Allerdings weist der eine Begriff in die Vergangenheit und der andere in die Zukunft.

Besonders kriegerisch sind die Prognosen von Prof. Hans Joachim Schellnhuber, Leiter des Potsdamer Institut für Klimafolgenforschung und Berater der Bundeskanzlerin. Und weil der Herr Schellnhuber ein anerkannter Klimaexperte ist, hat sein Wort Gewicht. Das hört sich dann so an: Wenn die Weltgemeinschaft so weitermache wie bisher, sei eine „globale Enteisung" die unvermeidliche Konsequenz. Man müsse mit einer Erderwärmung von vier bis sechs Grad in den kommenden 40 Jahren rechnen und mit einem Anstieg des Meeresspiegels um etwa 70 Meter.

An seinen Worten zu zweifeln wäre so frivol, als würde man dem Papst Fehlbarkeit unterstellen.

Oder Einsteins Relativitätstheorie zu einer Voodoo-Formel erklären. Aber der emsige Politikberater geht in neuesten Statements noch weiter. Unlängst wurde er mit folgender Botschaft zitiert: „Der CO2-Ausstoß müsse „bis 2070 auf null" gesenkt werden, andernfalls fange in besonders belasteten Regionen wie Peking „die Bevölkerung zu morden" an.

Sorry, Herr Schellnhuber, was für ein sinnentleerter Schmarrn. Sollte man nicht von einem Naturwissenschaftler erwarten, dass er die elementaren Gesetze des Lebens kennt?

Gesetz 1:

Ohne CO2 gibt es kein Leben auf diesem Planeten. Es ist weder reaktiv, toxisch noch böse. Das ungiftige Kohlendioxid ist unabdingbarer Bestandteil der Luft und wird von der Flora in einem naturgewaltigen Kreislauf seit Jahrmillionen in Sauerstoff und Kohlenstoff gespalten. Dabei wird Sauerstoff freigesetzt, den Tiere und Menschen wiederum als Energielieferant in ihren Körpern verbrennen. Den CO2-Gehalt auf Null senken heißt „Vernichtung allen Lebens".

Gesetz 2:

Der Klimawandel ist so alt wie die Erde – 4,6 Milliarden Jahre und es gibt keinen Zusammenhang zwischen CO2 und der Temperatur; Kohlendioxid folgt der Temperatur eher, statt ihr voranzugehen oder sie zu erzeugen. Es ist auch viel zu marginal, um eine globale Erwärmung zu bewirken (angesichts der Tatsache, dass es 38/1000stel von 1% der atmosphärischen Gase ausmacht).

Gesetz 3:

Die kosmischen Kräfte gehorchen einer kosmischen Gesetzmäßigkeit und einer höheren Lenkung. Hierzu gehört auch das Klima. Diesen großen kosmischen Gesetzen muss man sich unterordnen, denn sie sind der Garant für das Wohlergehen aller. Sie dienen in absolut gerechter Weise einem jeden oder wenden sich nur gegen jene, die sie verletzen oder missachten.

Gesetz 4:

Die kosmische Vernunft lenkt und leitet natürlich nicht nur den Aufbau, sondern auch die Umwandlung und den Zerfall unbrauchbar gewordener Teile des Kosmos. Es sind auch zerstörende Prozesse im Welten-All notwendig, genauso wie morsche Häuser abgerissen werden müssen, weil selbst die härtesten Steine einem Zerfalls- oder Wandlungsprozess unterliegen, damit aus dem allgemeinen Gang der Evolution das ausgeschieden werden kann, was sich für das weitere Leben nicht mehr eignet.

Gesetz 5:

Es gibt enorme, nicht-klimatische Einflüsse von Kohlendioxid, die äußerst vorteilhaft sind ... Die gesamte Erde wird aufgrund von Kohlendioxid in der Atmosphäre zunehmend grüner, also steigert es die agrar-wirtschaftliche Ernte, den Wachstum der Wälder und aller Arten in der biologischen Welt.

Gesetz 6:

Von allen Absurditäten im Hinblick auf den CO2-Schwindel ist der so genannte Treibhauseffekt, die Basis des Ganzen, der wohl absurdeste, da er jeglicher physikalischer Grundlagen entbehrt, und weil er prinzipiell leicht zu widerlegen ist.

Gäbe es einen "Treibhauseffekt", würde Wärme, die von außen durch Sonneneinstrahlung zugeführt wird, nicht entweichen können, weil die Glaswände dies verhindern. Das ist barer, naturwissenschaftlicher Unsinn. Etwas Ähnliches kann bei einem offenen System wie der Erde nicht geschehen, denn die erwärmte Luft nahe der Erdoberfläche dehnt sich aus, steigt nach oben und gibt die Wärme in den höheren Schichten der Atmosphäre wieder ab.

Gesetz 7:

Wer sich gegen Naturgesetze stellt, dem mangelt es an Demut. „Demut ist die Fähigkeit, auch zu den kleinsten Dingen des Lebens emporzuschauen" (A. Schweitzer). Diese Haltung steht damit im Gegensatz zu Hochmut und Stolz. Es ist das Ego, das leidet, weil es nicht auf einer Augenhöhe mit der Welt ist, und es beschwert sich, weil es nicht immer Recht hat. Sie mutieren zu Allmachts Fantasien, die sich in Selbsterhöhungsritualen ausleben.

Gesetz 8:

Forschungen zufolge zeichnet Wasserdampf für fast 2/3 der real stattfindenden Wärme-Absorption auf der Erde verantwortlich, dennoch kommt der Wasserdampf in den Berechnungen der UNO-Organisation IPCC **nicht** vor, obwohl er mit Null bis vier Prozent Anteil an der Atmosphäre wesentlich bestimmender als CO_2 ist. Das IPCC hält die Auswirkungen des Wasserdampfes schlicht für zu schwer berechnen- und vorhersehbar. Umso mehr stürzt man sich dann auf die anderen Verdächtigen, allen voran hier natürlich CO_2, aber auch CO, Ozon und FCKWs.

Gesetz 9:

Alle Behauptungen zum Klimawandel durch menschengemachtes CO_2 basieren einzig und allein auf den berühmt-berüchtigten Klimamodellen. Dafür, dass diese „Modelle" in der Lage sind, das real existierende Klima auf der Erde vorherzusagen, gibt es jedoch keinerlei Beleg. Ganz im Gegenteil: Sie versagen bereits bei der Aufgabe, auch nur vergangene Klimaentwicklungen zu reproduzieren. Man ist deshalb dazu gezwungen, die Abweichungen von der Realität irgendwie auszubügeln. Zunächst bediente man sich hierzu vorwiegend der „Flusskorrekturen": Dabei werden Werte im Modell – etwa Temperatur oder Wassergehalt – so korrigiert, dass sie mit den beobachteten Werten übereinstimmen.

Heute werden die Stellschrauben zur Klima-„Korrektur“ mit „Tuning“ umschrieben. „Sobald eine Modellkonfiguration festgelegt ist, besteht das Tunen darin, Parameterwerte so zu wählen, dass die Abweichung der Modellausgaben von Beobachtung oder Theorie minimiert oder auf ein akzeptables Maß reduziert wird.“ (Kennedy und O'Hagan 2001). Und dennoch sind die Klimamodellierer trotz Tuning nicht annähernd imstande, das tatsächlich beobachtete Klima zu reproduzieren (geschweige denn vorherzusagen), auch wenn sie die allergröbsten Abweichungen von der Realität ständig zu kaschieren versuchen.

Je spektakulärer die Klimaprognosen, desto mehr Geld fließt in die Kassen der Wissenschaft! Das ist leider eine Tatsache des Lebens. Je mehr Unruhe und Unsicherheit man stiftet, umso größer die Empathie und Zuwendung, „das gemeinsame Leid zu teilen“. Allein das Alfred-Wegener-Institut für Polarforschung in Bremerhaven mit 800 Mitarbeitern hat einen Jahresetat von 100 Millionen Euro! Auch andere Zahlen sind gigantisch. Allein von 2007 bis 2013 wurden 55 Milliarden Euro für die Erforschung der "Erderwärmung durch anthropogen erzeugtes CO_2" verpulvert. Bis 2030 soll die Summe auf 300 Mrd. Dollar jährlich steigen.

Wir würden den Rahmen dieses Buches sprengen, gingen wir umfänglich auf alle Fakten ein, die einem menschengemachten Klimawandel durch CO_2 entgegenstehen. Dennoch scheint ein kurzer Abriss notwendig.

Zu Beginn ein Blick auf die Relationen:

Die Erd-Atmosphäre enthält derzeit nur 0,038 % (Null Komma Null Drei Acht Prozent) Kohlendioxid (CO_2). Davon sind lediglich ca. 4 % (vier Prozent) künstlichen Ursprungs, nämlich 0,00152 % (Null Komma Null Null Eins Fünf Zwei Prozent). Von diesen 4 % werden 3,1 % (Drei Komma Eins Prozent) von der „BRD" emittiert, das sind total 0,00004712 % (Null Komma Null Null Null Null Vier Sieben Eins Zwei Prozent).

Die Behauptung eines „Treibhaus-Effektes" durch Kohlendioxid (CO_2) ist eine Lüge.

Das Gegenteil ist der Fall: der „Treibhaus-Effekt" wird durch Wasserdampf erzeugt. Ursache und Wirkung werden vertauscht: der Anstieg des CO_2 ist die Folge, nicht aber die Ursache der Erderwärmung. Die für den Menschen optimale CO_2-Menge in der Atemluft beträgt 5 %; der jetzige Gehalt der Atmosphäre beträgt aber nur 0,038 %!

Die Atmosphäre enthält 720 Milliarden Tonnen von CO_2 und die Menschheit trägt dazu nur 6 GT bei. Das sind 0,833 Prozent.

Selbst bei einer 100-prozentigen Umsetzung der politischen Ziele, die CO_2 Emissionen weltweit um 20 Prozent zu reduzieren, bedeutet das: Statt 720 GT sind es „nur noch" 718,8 GT, die zum „Treibhauseffekt" und zur Klima-Rettung beitragen. Die Kosten dafür belaufen sich weltweit auf rd. 2 Billionen Dollar pro Jahr. Deutschland ist mit rd. 53 Milliarden Euro dabei.

Es wird behauptet, die Erde hätte sich von 1860 bis 2005 um 0,71 ° C erwärmt. Doch im 19. Jahrhundert gab es gar kein Gerät, das Temperaturen auf hundertstel Grad messen konnte. Damit sind der Ausgangswert u. somit auch das Endergebnis falsch.

Die Tatsache, dass der Planet Mars sich zeitgleich mit der Erde erwärmt, zeigt auf, dass der Klima-Wandel in erster Linie kosmische Ursachen hat.

Etwa die Hälfte des vom Menschen freigesetzten CO2 kommt aus unserer Atemluft, die andere Hälfte aus der Verbrennung von Pflanzen und fossiler Rohstoffe wie Kohle, Erdgas und Erdöl, die ja erdgeschichtlich aus Pflanzen entstanden, etwa die Kohle aus riesigen Wäldern.

Wichtig ist auch die Abgrenzung von Wetter zum Oberbegriff "Klima". Mit Klima ist der durchschnittliche Ablauf des Wettergeschehens über einen längeren Zeitraum – etwa von 30 Jahren – gemeint. Man versucht aus langjährigen Beobachtungen des Wetters mit Hilfe statistischer Verfahren regionale Kenngrößen über charakteristische Atmosphärenzustände zu finden. Bezieht sich die Betrachtung auf einen begrenzten Raum, so hat man das Klima eines Ortes. Betrachtet man die ganze Erde, so kann man, über viele Jahre gesehen, globale Klima-veränderungen feststellen. Es ist aber falsch, wegen eines verregneten Sommers in Deutschland gleich eine
278

Klimaverschlechterung der ganzen Erde zu prognosti-
zieren. Das kühle und feuchte Wetter bei uns kann nämlich
durch außergewöhnliche Hitze in anderen Erdteilen völlig
kompensiert werden.

Ein einzelnes Wetterereignis (Gewitter, Schneefall,
Orkan), das aktuell zu beobachten ist, fließt nur in einem
sehr langfristigen Zusammenhang in die Durchschnitts-
Betrachtung ein. Selbst ein als ungewöhnlich warm
empfundener Winter oder ein besonders kühler und regen-
reicher Sommer ist kein brauchbarer Hinweis auf eine
bestimmte Tendenz, mit der sich das Klima entwickelt.
Zusätzlich ist zu beachten, dass ein regional warmer
Winter durchaus regelmäßig an anderer Stelle auf der Erde
ein besonders kalter Winter ist, so dass sich das Phänomen
im Durchschnitt überhaupt nicht niederschlägt.

Entlarvend an der Klimadebatte ist ferner, dass der Begriff
"Klima" zwischenzeitlich auf 100 Jahre ausgedehnt wird,
während in früheren Berichten des IPCC 30 Jahre als
Klimazeitraum galt. Doch die Prognosen, die man vor 30
Jahren tätigte, haben sich nicht bewahrheitet, daher ist man
nun vorsichtiger geworden: In 100 Jahren kann dann die
Konsens-Meteorologie leichter sagen: "Was interessiert
mich mein dummes Geschwätz von gestern!"

Aber geschwätzt wird nicht nur viel, sondern auch bös-
artig.

„Wer Kondome ablehnt und den Klimawandel verneint,
habe den Tod verdient". Dieses Zitat stammt von Richard

Parncutt, einem Musik-Professor an der Grazer Universität, welches auf der Homepage der Hochschule veröffentlicht wurde. Der Klimawandel, so der Professor, werde Millionen von Menschen das Leben kosten, deswegen wäre es „prinzipiell in Ordnung, jemanden umzubringen, um eine Million andere Menschen zu retten". Die Leitung der Uni war nicht amüsiert, verzichtete aber auf disziplinarische Maßnahmen, nachdem der Professor versichert hatte, er habe „nur laut über ein wichtiges Problem" nachgedacht. Auch die Staatsanwaltschaft sah keinen Handlungsbedarf und verzichtete auf weitere Ermittlungen. Nicht jede misslungene Formulierung sei strafbar, erklärte ein Sprecher. Dabei harren Widersprüche zuhauf auf Klärung:

• Woher kommen nun aber die 1,4 Billionen Euro, die Deutschland aufwenden muss, um sein ehrgeiziges Klimaziel (80 Prozent CO_2-Einsparung bis 2050 gegenüber 1990) zu erreichen? Wo wird gestrichen, wo zusätzlich kassiert?

• Wer die Elektromobilität zur Lösung aller Klimaprobleme erklärt, hat gleich etliche Fragen zu beantworten: Woher kommt der Strom für Millionen E-Autos?

• Wer baut die Ladestationen auf dem dünn besiedelten Land, wo die Menschen weite Wege zur Arbeit zurücklegen müssen und nicht auf den hoch subventionierten öffentlichen Nahverkehr umsteigen können?

Unser Land ist inzwischen übersät mit gigantischen Windrädern, riesigen Solarparks und stinkenden Biogas-Anlagen. Allein dafür zahlen die Verbraucher mittlerweile 25 Milliarden Euro pro Jahr und somit den höchsten Strompreis in Europa. Es ist zwar richtig, dass Wind und Sonne keine Rechnung stellen; die Betreiber dafür aber umso saftigere. Die bis zu zweistelligen Rendite-Versprechen wollen schließlich bedient werden.

Immer neue Energieeinsparverordnungen treiben die Bau- und Immobilienpreise in die Höhe, ohne dass sich bei der CO_2-Bilanz ein entsprechender Nutzen einstellt. Hauptprofiteur ist vor allem die Dämmstofflobby, auf den möglichen Schimmelschäden und hohen Entsorgungskosten bleiben die Besitzer sitzen. Und alle zusammen klagen dann über drastisch steigende Mieten und Wohnungsnot.

Deutsche Politiker und Medien werden nicht müde, Donald Trump als Klimaverbrecher darzustellen, weil er das zahnlose Pariser Klimaabkommen gekündigt hat. Dabei verschweigen Sie, dass Deutschland immer mehr Kohle aus Trumps USA importieren muss. Bis September 2017 waren es 3,08 Millionen Tonnen US-Kohle gegenüber 2,27 Millionen Tonnen im selben Zeitraum des Vorjahres. Eine +35% Steigerung, so die US-Energiebehörde. Bei Frankreich waren es +77%, bei Italien +69%. Diese Kohleimportzahlen beweisen, dass man nur mit Wind und Sonne keine Wirtschaft betreiben kann.

Derweil fördert Donald Trump erfolgreich die „Saubere Kohle" und hat letztes Jahr in strukturschwachen Regionen wie West Virginia 50.000 Jobs im Kohlebergbau geschaffen.

Zum Schluss noch der Hinweis, dass inzwischen führende Global-Warming-Wissenschaftler einräumen, dass ihre Klima-Modelle die Auswirkung zu- und abnehmender elektro-magnetischer Energie von der Sonne auf die Erde nicht berücksichtigen können. Sonnenexperten sagen, das sei etwa so, als würde man versuchen, die Ursache der Ohnmacht eines Boxers im Ring zu ermitteln, ohne zu berücksichtigen, dass er soeben eine rechte Gerade von Wladimir Klitschko einstecken musste. Die Ärzte messen Blutdruck, Puls und alles Mögliche, um herauszufinden, was im Organismus des Boxers zur Ohnmacht geführt hat. Den Sieger Klitschko als mögliche Ursache zu betrachten, kommt ihnen gar nicht in den Sinn.

Für Dr. Neil Hutton, Direktor der kanadischen Organisation Friends of Science (Freunde der Wissenschaft), ist der magnetische Fluss von der Sonne im Kosmos die Haupttriebkraft des Klimawandels. Hutton beruft sich auf neuste freigegebene NASA-Fotos und Videos von der Sonne und stellt fest, dass der jetzige „11-Jahreszyklus" der Sonne wegen der geringen Zahl von Sonnenflecken höchst ungewöhnlich sei.   .

Ein Verhalten der Sonnenflecken wie zurzeit ist in den vergangenen 200 Jahren nicht beobachtet worden. Kälteren Perioden wie der Kleinen Eiszeit gingen Phasen geringer Sonnenfleckenaktivität voraus. Während der Kleinen Eiszeit von ungefähr 1350 bis 1850, die ähnliche Sonnen-Konstellationen vorfanden, führten niedrigere Temperaturen und regnerische Sommer in ganz Europa zu massiven Ernteausfällen, Hungersnöten und Aufständen.

Deshalb fügt Hutton noch die folgende Warnung hinzu: „Der magnetische Index der Sonne wird täglich gemessen, er ist seit dem letzten Maximum deutlich zurückgegangen. Die geo-magnetische Aktivität der Erde und der Sonne hängen zusammen und ihre Wechselwirkung betrifft das Klima. Theoretisch könnte ein schwächeres solares Magnetfeld das verstärkte Eindringen kosmischer Strahlung möglich machen, die direkt Wolkendecke und Klima beeinflusst. Das hat sich beim kürzlich abgeschlossenen CLOUD-Experiment am europäischen Kernforschungszentrum CERN gezeigt."

Wenn das zutrifft - und die Hinweise sind mit Sicherheit so ernst, dass eine politisch neutrale wissenschaftliche Untersuchung der Möglichkeit erforderlich scheint - , könnten der Erde und uns, ihren Menschen, weit dramatischere Gefahren für unsere Existenz drohen als bei den Global-Warming-Szenarien des IPCC.

Vor dem Hintergrund der gesteuerten Klima-Hysterie klingt es irgendwie vertraut und bedauernswert zugleich, mit welchem Blick Napoleon Bonaparte schon vor 250 Jahren auf unser Land schaute:

„Es gibt kein gutmütigeres, aber auch kein leichtgläubigeres Volk als das deutsche. Zwiespalt brauchte ich unter ihnen nie zu säen. Ich brauchte nur meine Netze auszuspannen, dann liefen sie wie ein scheues Wild hinein. Untereinander haben sie sich gewürgt, und sie meinten ihre Pflicht zu tun. Törichter ist kein anderes Volk auf Erden. Keine Lüge kann grob genug ersonnen werden: die Deutschen glauben sie.

Um eine Parole, die man ihnen gab, verfolgten sie ihre Landsleute mit größerer Erbitterung als ihre wirklichen Feinde.“

Wissenschaft ist keine Demokratie, wo über Wahrheiten mit den Füssen abgestimmt wird. Manchmal, und alles andere als mehrheitlich, reichen die Ideen einer wissenschaftlichen Minderheit, um die Richtung in einem Fachgebiet neu zu definieren. Das gilt auch und besonders für die Klimatologie.

Und noch eine Posse zum Schluss:

Wer ein Pferd besitzt, ist Klimasünder. Auf das Jahr gerechnet ist die Umweltbelastung so hoch wie eine 21.500 Kilometer lange Autofahrt. Ein Hund ist so schädlich wie 3.700 Kilometer. Eine Katze kommt auf 1.400 Kilometer. Zwei Kaninchen, elf Ziervögel und 100 Zierfische schaden der Umwelt in dem Ausmaß einer Katze. Herausgefunden hat das eine Studie aus der Schweiz zur Ökobilanz von Haustieren. Kosten: 3,4 Millionen Euro.

Was unterm Strich dabei herauskam, das lässt sich auf folgenden Zusammenhang bringen: Je größer das Haustier, desto belastender ist es für die Umwelt. Demnach ist der entscheidende Faktor das Futter. Dessen Produktion verursacht Emissionen. Und je mehr Futter ein solches Tier braucht, desto schädlicher ist das für das Klima. Die Logik ist nicht nur gewöhnungsbedürftig, sie ist auch dekadent. Vielleicht fangen wir gleich mal damit an, den Menschen zu entsorgen. Rein futtertechnisch, versteht sich. Denn was diese Spezies zusammenfrisst, führt uns allemal und direkt in den Untergang.

Blaupause
einer „Neuen Weltordnung"

Das Ziel dieser Schrift war es nicht, Panikmache oder Schwarzmalerei zu betreiben. Es geht vielmehr darum, kritisches Denken zu befördern und eigenes Wissen zu hinterfragen. Der Mensch glaubt ohnehin, was er glauben will. Auch wenn gegenläufige Fakten auf dem Tisch liegen.

Eine erste Eigenschaft kritischen Denkens ist die Einsicht, dass unser subjektives Denken nicht so zuverlässig ist, wie wir meinen.

Diese Art von Ergebnisoffenheit bedeutet, dass nicht im Vorfeld bestimmt wird, was zutreffen darf und was nicht. Die andere Seite der erkenntnistheoretischen Medaille ist die Widerlegbarkeit. Die Schlüsse, zu denen wir selber und andere kommen, müssen grundsätzlich durch bessere Argumente oder Beweise ergänzt oder komplett widerlegt werden können.

Wenn wir das, was jemand über die Welt behauptet, hinterfragen, fordern wir natürlich Begründungen für die Aussagen ein. Begründungen erfolgen in Form von Argumenten. Wenn diese aber dem Mainstream oder den zentralen Machtstellen zuwiderlaufen, kommt sehr häufig die „Waffe der Verschwörungstheorie" ins Spiel.

Das Ablaufschema ist bekannt: Die Thesen zuerst belächeln, dann den Überbringer niedermachen, wenn möglich persönlich diffamieren.

Der abschätzige Begriff „Verschwörungstheoretiker" soll alle die herabwürdigen, die offiziellen Storys mit Skepsis begegnen. Per Definition sind die meisten der sogenannten „Verschwörungstheoretiker" in Wirklichkeit Skeptiker. Sie sind skeptisch gegenüber dem, was ihnen die Regierung erzählt. Sie sind skeptisch gegenüber der Behauptung, Pharmakonzerne seien wirklich nur daran interessiert, der Menschheit zu helfen. Sie sind skeptisch, ob Lebensmittelkonzerne ihnen wirklich die Wahrheit darüber sagen, was in ihrem Essen enthalten ist. Und sie sind auch skeptisch gegenüber allem, was aus der Hauptstadt Washington, D.C., kommt, ganz egal, welche Partei gerade an der Regierung ist.

"Die Leute möchten mit Verschwörungstheorien erklären, warum guten Menschen böse Dinge passieren", sagt Professor Dieter Groh, Historiker an der Universität Konstanz und eine der profiliertesten Stimmen im Streit um die Wahrheit vom 11. September 2001. "Natürlich gibt es Verschwörungen, aber Verschwörungstheorien sind ein Netz, das über die Welt geworfen wird, um Leuten das zu erklären, was sie nicht verstehen – denn diese Theorien sind einfacher als die Realität. Das ist die Voraussetzung für ihren Erfolg."

Andreas Anton sieht die Sache differenzierter: "Es gibt durchaus Theorien, die plausibel klingen", sagt der Soziologe, "man kann nicht immer auf Anhieb sagen, dass das Unsinn ist." Er hat das Phänomen wissenschaftlich untersucht und ein Buch über Verschwörungs-Theorien geschrieben, mit dem Titel "Unwirkliche Wirklichkeiten".

Die erste Maßnahme jeglicher Verschwörung besteht darin, jedermann davon zu überzeugen, dass keine Verschwörung existiert. Der Erfolg der Verschwörer wird zum größten Teil von ihrer Fähigkeit bestimmt, ihre Identität und ihr Vorhaben zu verheimlichen. Die Elite der akademischen Welt und die Massenmedien geben hier eine beträchtliche Schützenhilfe, indem sie die Existenz der "Verschwörung" stets nur ins Lächerliche ziehen und so helfen, deren Beweis-Operationen zu vertuschen.

Von Johann Wolfgang von Goethe, keineswegs im Verdacht stehend, ein Schwarmgeist zu sein, stammt das nachfolgende Zitat: „Man muss das Wahre immer wiederholen, weil auch der Irrtum um uns herum immer wieder gepredigt wird, und zwar nicht von Einzelnen, sondern von der Masse. In Zeitungen und Enzyklopädien, auf Schulen und Universitäten, überall ist der Irrtum obenauf, und es ist ihm wohl und behaglich im Gefühl der Majorität, die auf seiner Seite ist."

Jeder macht einmal Fehler und irrt sich, egal ob Skeptiker oder Mainstream-Populist. „Errare humanum est" schrieb der Redner, Philosoph, Dramatiker und Politiker Seneca ((* etwa im Jahre 1 in Corduba; † 65 n. Chr. in der Nähe Roms): Irren ist menschlich. Auch die Bibel mahnt zur Zurückhaltung, bevor einer den ersten Stein wirft: „Richtet nicht, damit ihr nicht gerichtet werdet", heißt es in der Bergpredigt (Mt 7,1). Oft übersehen wir den Balken im eigenen Auge, wenn wir auf den Splitter im Auge des Nächsten schauen und auf ihn Spott und Häme ausgießen.

Das bedeutet jedoch nicht, mit allem und jedem Nachsicht zu üben, denn bisweilen offenbaren fehlerhafte Äußerungen mehr über den, der sie macht, als diesem lieb sein sollte. Das gilt besonders für Politiker, die meinen, sich zu jeder passenden und unpassenden Gelegenheit zu Wort melden zu müssen. Da bleibt nicht viel Zeit zum Nachdenken, und so greifen sie gern auf Denkschablonen zurück. An dieser Stelle sollten wir als betroffene Bürger genauer hinschauen. Das vollständige Zitat von Lucius Annaeus Seneca lautet übrigens: „Irren ist menschlich, aber auf Irrtümern zu bestehen ist teuflisch."

Ob man nun den Verschwörungstheorien – die sich im Laufe der Zeit um die Geheimbünde der Illuminaten, Freimaurer, Templer, Bilderberger, Raptorianer und vielen anderen mehr gebildet haben, Glauben schenken kann, muss am Ende jeder selbst entscheiden. Zuvor aber sollte er Gelegenheit bekommen, sich über Daten, Fakten und Theorien zu informieren.

Beispielsweise über den globalen Abhörskandal, genmanipulierte Nahrung, skrupellosen Geschäfte der Pharmaindustrie, über Aluminium im Impfserum, über die Organ-Maffia oder das allzu mächtige Zentralbankensystem. Die Liste der Themen lässt sich beliebig verlängern. Geld- und Geltungssucht sind heute innigst verbunden. Ihr Ursprung ist die Gier. Wo Gier zum Lebensprinzip avanciert, wird alles maßlos – ehe es kaputtgeht.
Die Zeiten wechseln, aber die Menschen scheinen sich kaum zu ändern. Neu ist seit der Finanzkrise 2012: Die kritische, erschrockene, warnende Debatte über die Gier betrifft nicht mehr nur die individuelle Fehlmoral. Die Gier ist ein Gesellschaftsthema. Wird sie unser künftiges Zusammenleben dominieren?

Egoismus, Gier oder auch Strategien der Macht, die bereits Anfang des letzten Jahrhunderts üblich waren, wie das nachfolgende Zitat von EX- US-Präsident Woodrow Wilson belegt (In The New Freedom, 1913): "Seitdem ich Politiker bin, haben mir Männer ihre Ansichten hauptsächlich in privatem Rahmen anvertraut. Einige der größten Männer der USA auf den Gebieten des Handels und der Industrie haben Angst vor den „Psychopathen der Macht". Sie wissen, dass diese gut organisiert sind, geheimnisvoll, wachsam, miteinander verzahnt und zu allen Gemeinheiten bereit. Doch selbst US-Präsident Donald Trump sind die Hände gebunden, wenn eine Haushaltssperre in Kraft tritt und die öffentliche Verwaltung lahmlegt. Einem anderen Mann dagegen kann das eher nicht passieren: Laurence "Larry" Fink, Chef von Blackrock, dem weltgrößten Vermögensverwalter und Herrscher über vier Billionen Dollar - eine Zahl mit zwölf Nullen. Fink genießt darüber hinaus einen weiteren Vorteil, den Präsidenten und Kanzler nicht haben: Er kann nicht abgewählt werden und seine Firma wird auch nicht kontrolliert oder reguliert. Sein Arm reicht sogar von New York City bis in die schwäbische Provinz.

Das ganze ohne Bankenaufsicht und Kontrollmechanismen, zügelloser Kapitalismus eben. Aber Blackrock ist nicht der einzig Mächtige im globalen Finanzkarussel.

Vor einiger Zeit strahlte der öffentlich-rechtliche Fernsehsender ORF eine Dokumentation aus, die den Titel trägt: „GOLDMAN SACHS – Die Bank, die die Welt dirigiert". Sie endet mit dem aussagekräftigen Satz: „Bis jetzt hat es keine Regierung der Welt gewagt, zum Schlag gegen Goldman Sachs auszuholen!"

Goldman Sachs ist keine gewöhnliche Bank mit Filialen an jeder Straßenecke. Weder Giro- noch Sparkonten werden verwaltet. Nur große Institute werden beraten – und oft genug abgezockt.

Wie in der absolut sehenswerten Dokumentation dargestellt wird, sind es vor allem die großen Industrienationen, die zu Goldman Sachs' Kunden zählen. Von Griechenland wissen wir dies schon lange. Genannt werden aber auch die USA, Russland und China.

Die Machtmonopol ist geballt. 30.000 Mitarbeiter machen nichts anderes, als unzählige Milliarden zu bewegen. Das Einzige, was zählt, ist Profit. Als am 11. September 2001 von den Fenstern des Goldman-Sachs-Gebäudes in New York aus der Einsturz des World Trade Centers live beobachtet werden konnte, wurde keine Arbeitspause eingelegt. Denn gerade zu solchen Stunden lassen sich besonders hohe Gewinne erspekulieren.

Im Jahr 2007 fasste Goldman Sachs dubiose Hypothekarkredite in einem Paket mit Namen ABACUS zusammen. Die Kunden vertrauten der Investment-Bank. Doch diese spekulierte dagegen.

Goldman Sachs wurde angeklagt, aber nur der junge Fabrice Tourre wurde als Zeuge geladen, weil er sich in Emails über die Käufer lustig gemacht hatte. Die von den US-Behörden verhängte Strafe von rund 400 Millionen Euro war innerhalb von zwei Wochen wieder verdient. Weder wurde eine Haftstrafe wegen dieses Großbetrugs verhängt, noch wurden Entschädigungen an die Betrogenen ausbezahlt.

Bis ins Detail wird in dieser Dokumentation erklärt, wie die Bilanzen von Griechenland frisiert wurden. Und Mario Draghi wird gezeigt, wie er selbstsicher vor seinem Amtsantritt als EZB-Chef erklärte, von all dem nichts gewusst zu haben. Kritik an derartigen Geschäften wies er rigide zurück.

Gegen Ende des Films wird dann ein Interview mit Jean-Claude Trichet gezeigt, Draghis Vorgänger. Auf das Thema der frisierten Bilanzen angesprochen, friert plötzlich sein Gesichtsausdruck ein. „Stopp", gibt er kurz von sich, von einer eindeutigen Handbewegung begleitet. Und dann erinnert er den Journalisten, dass es doch eine Übereinkunft gäbe, dass diese Frage nicht gestellt werden sollte.

Diese 45 Minuten dauernde erstklassig recherchierte Dokumentation sollte unbedingt gesehen werden. Sie öffnet das Blickfeld. Und jeder, der sich vom Grundtenor der Massenmedien bis heute hat mitreißen lassen, Kritik an Investment-Banken wie Goldman Sachs als „Verschwörungstheorie" abzutun, der sollte sich nun die Fragen stellen, was dem öffentlich-rechtlichen Fernsehsender ORF in den Sinn gekommen ist, diese Sendung auszustrahlen.

„Aus rechtlichen Gründen" ist der Beitrag übrigens in der Videothek nicht mehr verfügbar. Ein Schelm, der Böses dabei denkt !

Als die Pläne für eine „Neue Weltordnung" entworfen wurden, ratterten noch Droschken über die staubigen Straßen Nordamerikas. An der Schwelle dieses 20. Jahrhunderts entwarfen einige Männer die Welt nach ihren Vorstellungen neu. „Es ist nicht wirklich in Frage gestellt, dass ein solcher Plan existiert – außer bei denen, die sich nicht die Zeit genommen haben, die Beweise zu studieren, oder bei denen, deren Interessen es vorschreiben, dass die Tatsachen verschwiegen werden sollen", schreibt Jim Keith in seinem Buch „Bewusstseinskontrolle" sehr plastisch. „Dieses ganze Jahrhundert lang waren sie eifrig auf der ganzen Welt damit beschäftigt, den Virus der Neuen Weltordnung zu verbreiten. Alles im Interesse der Vorherrschaft der Elite."

„Sie", die Strippenzieher der Macht– das sind nach Keith vor allem Bankiers, Forscher, Politiker, Wirtschaftsbosse, Militärs und ganze Armeen von Geheimdienstlern, die seit Jahrzehnten an der Verwirklichung der „Schönen neuen Welt" arbeiten. Es gibt keine Zufälle in ihrem Tun, keine mildernden Umstände wie Unwissenheit oder Fehleinschätzung. Sie wissen ganz genau, was sie tun, und sie tun es im Gefühl, auf der richtigen Seite zu sein.

Mit dieser „Neuen Weltordnung" beschäftigt sich seit langem auch Pat Robertson (*1930), der 1991 sein Werk „The New Word Order" veröffentlichte.

Darin sieht er die Vereinigten Staaten von Amerika im Zangengriff zweier Verschwörungen: Zum einen „Money Power", die Hochfinanz, die – teils aus Habsucht, teils zur Vereinfachung der Verfahrenswege – seit Jahrzehnten eine Diktatur anstrebe:

Zu diesem Ziel hätte sie 1865 Präsident Abraham Lincoln ermorden lassen, weil er angeblich Pläne einer zinsfreien Währung verfolgt habe, 1913 den 16. Zusatzartikel zur Verfassung der Vereinigten Staaten durchgesetzt, um eine
294

Einkommensteuer erheben zu können, und im gleichen
Jahr das Federal Reserve System errichtet. Die andere
Verschwörung ziele auf die Moral der Amerikaner: Hier
sieht Robertson Illuminaten, Freimaurer und Anhänger der
New-Age-Bewegung am Werk, die „den christlichen
Glauben vernichten" und die Welt „unter die Herrschaft
Luzifers" zubringen trachteten.

Zu diesem Zweck werde von ihnen „eine Weltregierung,
eine Weltarmee, eine Weltwirtschaft unter einer britischen
Finanzoligarchie und ein Weltdiktator, dem ein Rat von
zwölf Getreuen zur Seite steht", angestrebt. All diese
Pläne würden vom Council on Foreign Relations und der
Trilateralen Kommission betrieben.

Die Vereinigung Europas, der Kollaps des Kommunismus
und der Golfkrieg, der das Image der UNO auf-bessere,
würden alle diesem antichristlichen Ziel dienen. Für die
Zukunft prognostiziert Robertson eine Wirtschaftskrise, in
der die USA genötigt würden, ihre Souveränität auf die
UNO zu übertragen, die einen sozialistischen Weltpräsi-
denten installieren werde, der nach den Grundsätzen einer
Humanitätsreligion statt des Christentums herrsche.

Als Beleg für diese angeblich Jahrhunderte alte Doppel-
verschwörung verweist Robertson auf das Motto Novus
ordo seclorum im Großen Siegel der Vereinigten Staaten,
das er als „new world order" übersetzt. Robertson bewegte
sich dabei in den Bahnen älterer Verdächtigungen gegen
die Illuminaten und andere Geheimgesellschaften, machte

diese über die engen Kreise, in denen dergleichen Verschwörungstheorien bis dahin rezipiert worden waren, auch im amerikanischen Mainstream bekannt. Sein Buch, das auch in seriösen Buchhandlungen und auf Flughäfen zu haben ist, wurde mit mehreren hunderttausend verkauften Exemplaren ein Bestseller.

Auch der Autor John Coleman, angeblich ein ehemaliger Mitarbeiter des britischen Geheimdienstes, beschreibt die „Neue Weltordnung" als Herrschaft des Antichristen. Er sieht eine „überarbeitete Form des internationalen Kommunismus und eine brutale und grausame Diktatur" heraufziehen, hinter der ein „Komitee der 300" stecke, das angeblich alle anderen Geheimgesellschaften und Verschwörungen kontrolliere, von Illuminaten, Freimaurern und Rosenkreuzern über die Bilderberg-Konferenz, Skull and Bones und die Thule-Gesellschaft bis hin zu Bolschewisten und Zionisten.

Die Vorstellung von den „dreihundert Männern", die angeblich die Welt kontrollieren, übernahm Coleman von Walter Rathenau, der 1909 in dem Zeitungsartikel „Unser Nachwuchs" ähnliches formuliert hatte und seit-dem immer wieder von Antisemiten als Kronzeuge für eine angebliche jüdische Weltherrschaft angeführt wird.

Coleman erwähnt sehr oft Juden als Diener der satanischen Pläne des „Komitees der 300": So soll Theodor W. Adorno in seinem Auftrag den Rock and Roll als Mittel der Bewusstseinskontrolle und der Massenbetäubung erfunden haben, der israelische Geheimdienst Mossad könne jedes Land über die jeweils dort ansässige jüdische Minderheit kontrollieren, die Bankiersfamilie Rothschild sei für zahlreiche Kriege verantwortlich, an denen sie obendrein gut verdienen würden, Henry Kissinger sei der „Hofjude" des Komitees usw.

Damit bedient sich Coleman antisemitischer Klischees wie der angeblich typisch jüdischen Plutokratie, des „jüdischen Bolschewismus" und der Protokolle der Weisen von Zion, einer Fälschung von 1903, die vorgibt, die Pläne einer jüdischen Weltverschwörung wiederzugeben. (John Coleman: deutsch unter dem Titel Das Komitee der 300. Die Hierarchie der Verschwörer. J.K. Fischer Verlag, Gelnhausen 2010)

Über die Illuminati sagt man, sie seien ein globaler jahrhundertealter Geheimbund. Ein verborgener Orden, dem wichtige Entscheidungsträger aller Völker und Religionen angehören, die hohe Positionen in Regierung, Kirche, Geschäftswelt, Wissenschaft, Medizin und beim Militär innehaben. Eine geheime Bruderschaft, deren einziges Ziel es ist, die Kontrolle über alle Ressourcen, Gelder und Völker der Welt zu übernehmen. Sollte es eine so mächtige Geheimgesellschaft geben, wäre dies eine massive Bedrohung für die freie Welt und ihre Bürger. Manche meinen, das sei absurd…

Um die wirtschaftliche und finanzielle Situation Deutschlands heute zu verstehen, muss man an das Ende des Zweiten Weltkrieges zurückgehen. Die USA sahen Deutschland damals als einen Konkurrenten auf dem Weltmarkt, auf den man aufpassen muss, damit er nicht technologisch überholt oder zu viele Ressourcen verbraucht. Das ehemalige Hitler-Deutschland interessierte die USA in erster Linie als Militärstützpunkt, als Geldlieferant, als Risikoversicherer und als Workshop für bestimmte Produkte.

Der zweite Weltkrieg kostete Deutschland etwa 5 Millionen Todesopfer, 90 Mio. Deutsche hatten aber überlebt. Viele Gebäude waren ruiniert, aber tausende von Firmen waren noch vorhanden, und viele dieser Firmen hatten rechtzeitig wichtige Produktionsgüter für den Wiederaufbau nach dem Krieg in Sicherheit gebracht.

Mit dem Ende der Kriegshandlungen war das Leid für die deutsche Bevölkerung nun aber keineswegs zu Ende. Deutschland war soweit nur als Beute erlegt, das eigentliche Ausbluten und Schlachten begann zu diesem Zeitpunkt aber erst –und hält bis auf den heutigen Tag an. Es begann mit einfachen Plünderungen, und hat mit den feindlichen Firmenübernahmen durch Heuschrecken-Fonds und den US-Schrott-Immobilien für deutsche Sparer bis heute noch nicht geendet.

Nach dem Ende des zweiten Weltkriegs verbrachten die Alliierten alles was Wert hatte aus Deutschland, alle Schiffe, Flugzeuge und ganze Fabriken. Unter dem Militärgesetz Nr. 52 der alliierten Militärregierung war die Konzernzerschlagung und die direkte Demontage vorgesehen. Aus dem Deutschen Patentamt in Berlin wurden 347.000 Patentschriften erbeutet, und die New York Times berichtete 1947 stolz, diese seien Billionen Dollar wert. Die "Amerikaner" nutzten und lizenzierten diese Patente fortan selbst.

Als die "Amerikaner" Deutschland 1952 mit dem Marshallplan und 1,4 Mrd $ „förderten", erwarben sie mit dem Geld deutsche Betriebe und kauften Aktienmajoritäten. Auch in den noch an den Kriegsfolgen leidenden umliegenden europäischen Ländern erwarben sich "die Amerikaner" mit den ca. 13 Mrd $ Fördergeldern des Marshallplans (3,1 Mrd $ für England, 2,6 Mrd $ für Frankreich, usw.) viele Anteile. Der russische Außenminister Molotow nannte den Marshallplan deswegen ein Instrument zur Versklavung Europas. Man überzog Europa mit einem Netzwerk wirtschaftlicher Einflussnahme.

Auch noch 1959 hielt in Deutschland die Konzernzerschlagung und direkte Demontage an. Die wichtigsten deutschen Industrien werden seitdem von "den Amerikanern" praktisch beherrscht. Größere Firmen durften nach dem Krieg nur mit maßgeblicher alliierter Beteiligung den Betrieb wieder aufnehmen. Zum Vergleich ist es in Russland ausländischen Investoren weitgehend untersagt, mehr als 50 Prozent an einer Firma zu besitzen.

Bis 1963 gehörten "den Amerikanern" 700 deutsche Firmen, 2004 waren es schon 2.600, und 2007 waren über die Hälfte der DAX-Konzerne und 20% aller deutschen

Aktien in ausländischem Besitz. Und die Übernahme geht immer noch weiter: Gerade hat die "amerikanische" KKR die deutsche Demag, den Triebwerkhersteller MTU und das Duale System gekauft, Texas Pacific wollen die Berliner Bank kaufen, Nomura hat kommunale Wohnungsunternehmen im Auge und Blackstone sucht in der Abfallbranche nach Übernahmen.

Internationale Verträge sorgen dafür, dass "Amerikaner" deutsche Firmen erwerben und die Gewinne "in die USA" verbringen dürfen.

Opel hat niemals Steuern in Deutschland gezahlt, da die Gewinne stets an GM "in den USA" abgeführt wurden. Die GM-Verluste hingegen wurden stets nach Deutschland ausgelagert und hier von der Steuer abgesetzt, so dass die deutsche Steuerzahler bereits Milliarden an GM bezahlt haben. (Anmerkung: GM ist natürlich ein Rothschild-Konzern)

1991 wird David Rockefeller wie folgt zitiert: „Es wäre unmöglich gewesen, dass wir unseren Plan für die Weltherrschaft hätten entwickeln können, wenn wir Gegenstand der öffentlichen Beobachtung gewesen wären. Aber die Welt ist jetzt weiter entwickelt und darauf vorbereitet, in Richtung einer Weltregierung zu marschieren. Die supranationale Souveränität einer intellektuellen Elite und der Weltbanker ist sicher der nationalen Souveränität, wie sie in der Vergangenheit praktiziert wurde, vor-zuziehen."

Unter der Urknalltheorie verstehen wir heute die Schaffung des Universums bzw. die zeitliche Entwicklung nach dem Urknall, der vor ca. 13,8 Milliarden Jahren stattgefunden haben soll.

Die Urknalltheorie in einem anderen Kontext gesehen, lässt sich auch auf die Diskussion zur Neuen Weltordnung übertragen. Vieles deutet daraufhin, dass die Welt, wie wir sie seit Jahrzehnten kennen, das Zusammenspiel zwischen den verschiedenen Kräften (politisch, wirtschaftlich, ökologisch, sozial, usw.) und das zugrunde liegende Schuldgeldsystem seinem natürlichen – weil mathematisch berechenbaren – Ende zueilt.

Irak, Iran, Syrien, Mali, Israel, Gaza, Libyen, Pakistan, Indien, Argentinien, Brasilien und nicht zuletzt die Ukraine sind kleinere bis sehr große Brandherde, denen man in früheren Zeiten als einzeln zu löschend durchaus Herr geworden wäre.

Doch die Ballung dieser Konfliktpunkte in einem kleinen Zeitfenster scheint wie geschaffen zu sein, um als Urknall den entscheidenden Umsturzmoment auszulösen, den schon David Rockefeller 1994 vor dem Wirtschafts-Ausschuss der Vereinten Nationen (UN Business Council) ansprach: „Wir stehen am Beginn eines weltweiten Umbruchs. Alles, was wir brauchen, ist die eine richtig große Krise und die Nationen werden die Neue Weltordnung akzeptieren."

Dazu passt ein Zitat von Henry Kissinger aus dem Jahre 1992, auf dem Bilderberger-Treffen in Evian:

„Wenn man die Kontrolle über die Nahrungsmittel hat, hat man die Kontrolle über das Volk. Hat man die Kontrolle über das Erdöl, so hat man die Kontrolle über die Nationen. Wenn man die Kontrolle über das Geld hat, kontrolliert man die Welt."

Zur Kategorie „menschenfeindlich" gehört indes ein anderes Zitat von Henry Kisssinger: "Soldaten sind nur dumme Tiere, die als Schachbauern in der Außenpolitik benutzt werden." (Council on Foreign Relations Journal)

Jeder halbwegs informierte und nicht komplett blind durch die Landschaft laufende Mensch weiß, spürt und sieht, dass unser auf Wachstum basierendes Schuldgeldsystem kein zukunftsfähiges Modell ist. Umweltverschmutzung, die Ausbeutung der natürlichen Ressourcen, die Herabwürdigung der Menschen als reines Humankapital und die sich immer mehr verstärkende Diskrepanz zwischen Arm und Reich, wie auch die bewusst gesteuerte Positionierung der verschiedenen Weltreligionen (vgl. ISIS/IS/ISIL) gegen einander und die Propagandaauswüchse auf beiden Seiten im Ukraine-Konflikt zeigen eines überdeutlich:

Das System steht unter massivem Druck und sein Druckventil ist kurz vor dem Versagen. Im Hinblick auf mögliche gravierende wirtschaftliche Verwerfungen beschäftigten sich die Eliten natürlich auch mit den Verlierern. Der bewusste Mensch aber, der diese Zusammenhänge

durchschaut, wird aus dem Pool der Verlierer aussteigen.
Nicht wer rennen kann, gewinnt das Spiel, sondern wer bis
zum Ende durchhält.

EPILOG

Waren das noch Zeiten. Als uns die Hirnforschung des letzten Jahrhunderts tröstlich ins Stammbuch schrieb, was auch immer das Gehirn zu leisten vermag, alles hätte einzig mit unseren Genen zu tun. Ob nun dumm wie Bohnenstroh oder als geistige Leuchte, alles war nur eine Frage der Vererbung. Hirnjogging oder mühsames Denk-Training geschenkt, wo nichts ist, da konnte auch nichts gedeihen.

Es war der Gipfel des materialistischen Denkens: Unser Erbgut, gepaart mit ein klein bisschen Chemie, sollte unser Aussehen, unsere Persönlichkeit, unsere emotionalen, intellektuellen und gesundheitlichen Veranlagungen bestimmen. „Die Gene sind unser Schicksal" echote es allerorten durch die Presse und wöchentlich glaubte man, das „Raucher-Gen", das „Depressions-Gen", oder dergleichen mehr gefunden zu haben.

Heute wissen wir mehr. Es sind nicht die Gene, sondern die Art und Weise, wie wir von Kindesbeinen an mit unserer Umwelt interagieren. Seit Jahrhunderten wurde das Gehirn zum Sitz des Geistes erklärt. Die körperlichen, seelischen und geistigen Leistungen des Menschen gehen jedoch nicht vom Gehirn aus, sondern entspringen ohne feste Örtlichkeit unmittelbar aus der Wechselwirkung von Organismus und Umwelt.

Dieser komplexe Tanz zwischen Natur und Umwelt beginnt bereits pränatal, als Beziehung zwischen der Mutter und dem Fötus, als erste nachhaltige Prägung für das werdende Kind.

Der Säugling entwickelt dann in dem Maße seine Sicherheit, wie er Bindung und Fürsorge erfährt – ein Grund dafür, warum die ersten drei Lebensjahre besonders wichtig sind. Hier werden Nervenzellen zu komplexen Netzwerken verschaltet – als Summe von Genetik und beobachtbarem Verhalten.

Es ist also die so genannte Epigenetik, die gründlich mit Vorstellungen aufräumt, dass die Gene starr oder schicksalsbestimmend sind. Sie lassen sich durch Ernährung, Lebensstil und den Geist ein Leben lang „umschreiben und up-daten": Jeder Mensch kann seine Gene fast willentlich an- und ausschalten – und diese Veränderung natürlich an seine Kinder weitergeben.

Epigenetische Veränderungen können durch viele Faktoren ausgelöst werden. Nahrung, Umwelt. Emotionen, Meditation und unsere zwischenmenschlichen Beziehungen schalten munter in unserem Erbgut herum. Forschungen haben klar gezeigt: Intelligenz, Gesundheit und Charaktereigenschaften lassen sich nachträglich verändern. Unser Geist ist stärker als die Gene. Die Gene steuern uns – aber wir steuern auch im gleichen Maße zurück.

So gesehen sind die Gene nicht überflüssig, sondern immer noch im Spiel. Sie bestimmen die Farbe von Augen,

Haare und Haut, sie beeinflussen jeden Aspekt unseres Seins – zum Beispiel unsere Emotionen, wie eine Studie zeigt. Denn Gene sind Bauanleitungen für Proteine und Hormone, die nicht nur die Bausteine unseres Körpers bilden, sondern auch die Botenstoffe und Rezeptoren fürs Gehirn liefern. Wird das Auslesen dieser Bauanleitungen durch äußere Faktoren, wie beispielsweise Stress beeinträchtigt, dann kann das zu körperlichen und geistigen Krankheiten führen.

Inzwischen können wir dem Gehirn mittels einer leicht radioaktiven Salzlösung im Blut des Menschen beim Denken zuschauen und beobachten, wo gelernt, wo geträumt oder wo Wahn erzeugt wird. Dazu braucht man heute glücklicherweise nicht mehr den Schädel zu öffnen, es hilft der „transkraniale Magnetostimulator" dabei, um auf Hirnfunktionen Einfluss zu nehmen.

Damit eröffnet sich für die Hirnforschung ein fast unendliches Feld an Einsichten.

Wir nennen das Gehirn unser Denkorgan. Tatsächlich aber ist es „in erster Linie" unser Handlungsorgan. Wie elementar es ist, in der Welt zu handeln, wird klar, wenn man einmal versucht, einfach nur still zu sitzen. Es geht nicht. Die Nase juckt, und man muss sich unwillkürlich kratzen. Und dann wippt auch noch der Fuß, weil von ferne Musik zu hören ist.

Unser Körper ist auf Bewegung ausgerichtet. Gut 650 Muskeln sind dafür zuständig, 30 davon kümmern sich allein um die Motorik.

Wir lernen die Welt zu verstehen, indem wir mit anderen interagieren, indem wir die Hände ausstrecken und die Welt ganz buchstäblich begreifen. Bewegung verbessert das Gedächtnis und hebt unser Wohlbefinden.

Das Gehirn enthält nach neuesten Erkenntnissen ca. 86 Milliarden Nervenzellen, auch Neuronen genannt. Wenn wir diese Zahl niederschreiben wollten und jede Sekunde eine Null notierten, bräuchten wir hierfür 90 Jahre.

Reize und Informationen werden aber nicht in den Neuronen selbst gespeichert, sondern in den Verbindungen, die die Zellen untereinander aufnehmen können. Jede Erfahrung, die wir machen, alles, was wir lernen, wird außerdem im Gehirn mit einem entsprechenden Gefühl verknüpft, das wir in der jeweiligen Situation empfinden. Je intensiver dieses Gefühl ist, umso deutlicher bleibt es in unserem Gedächtnis verankert.

Das Erlebte wird Teil unserer Lebens- und Lernerfahrung. Je größer dieser Erfahrungsschatz ist, umso differenzierter wird auch unser emotionales Bewertungssystem.

Entwicklungsgeschichtlich sind Emotionen sehr viel älter als der Verstand. Sie ermöglichen es, in den verschiedenen Lebenssituationen „ohne Nachdenken" rasch und richtig zu reagieren. So stimmen sie beispielsweise den Körper bei Gefahr auf Flucht oder Verteidigung ein und führen dabei zu einem gleichsinnigen Gruppenverhalten; oder sie fördern bei Gefahrlosigkeit die Erholung. Negative, ängstliche und wütende Signale haben dabei immer Vorrang vor den positiven: Menschen reagieren auf sie heftiger als auf angenehme Reize.

Unsere Emotionen sind also ein Bewertungssystem, das mehr oder weniger gut ausgestattet ist. Es funktioniert nicht von Anfang an perfekt, sondern wird durch unsere alltäglichen Erfahrungen ständig erweitert und verfeinert. Nichts, was wir erleben, bleibt ohne Wirkung. So wird für jemanden, der nie einen Verlust erlitten hat, der Begriff Trauer keine große Bedeutung haben. Andererseits ist das Gefühl der Trauer und des Schmerzes umso größer, je bedeutsamer der Verlust ist, der einen Menschen trifft.

Fast alles, was man bisher genetisch erklärte, ist tatsächlich und vorrangig eine Folge von Erfahrungen. Bei Versuchen mit eineiigen Zwillingen, die vollkommen identisches Erbgut haben, konnte eindeutig nachgewiesen werden: Es sind die Lebensumstände und der Lebensstil, die den Ausschlag geben. Und diese Erfahrungen sind vererbbar.

Stellt sich aber noch die Frage, wie abhängig sind wir von den Programmierungen unseres Gehirns? Die meisten Verhaltensforscher und Psychologen machen uns da Mut und weisen immer wieder auf erfolgreiche Studien hin, dass beispielsweise Optimismus trainierbar ist, wenngleich in einem langwierigen Prozess.

Der Mechanismus dahinter ist kybernetisch einfach: Das menschliche Gehirn vergleicht jede aktuelle Erfahrung mit bereits gespeicherten Informationen. Wer dabei auf viele Niederlagen zurückgreift, bewertet entsprechend sein Leben und das aktuelle Geschehen eher düster. Da man aber das Vergangene nicht ändern kann, gilt es, neue, positive Erfahrungen zu sammeln und so Schritt für Schritt das Gehirn mit guten, nützlichen und – erfolgreichen Erlebnissen zu füttern.

Dabei ist „Begeisterung wie Dünger für das Gehirn" (Gerald Hüther) Und damit man sich für etwas begeistert, muss es bedeutsam für einen selbst sein. Für ein kleines Kind ist noch fast alles bedeutsam, was es erlebt und erfährt. Je besser es sich dann später in seiner jeweiligen Lebenswelt zurechtgefunden hat, desto unbedeutender wird dann aber leider alles andere, was es in dieser Welt sonst noch zu gestalten gäbe. Indem wir älter werden, Erfahrungen sammeln und unsere Lebenswelt nach unseren Vorstellungen gestalten, laufen wir also zunehmend Gefahr, in eingefahrenen Routinen steckenzubleiben, im Hirn bequem zu werden.

Alles, was Menschen hilft, was sie einlädt, ermutigt und inspiriert, so der Neurobiologe Hüther, eine neue, andere Erfahrung zu machen als bisher, all das ist gut fürs Hirn und auch gut für die Gemeinschaft. Wem es gelingt, sein

Gehirn noch einmal auf eine andere als die bisher gewohnte Weise zu benutzen, wer sich noch einmal mit Begeisterung für etwas öffnet, was ihm bisher verschlossen war, der bekommt gewissermaßen auch ein anderes Gehirn.

Wie also können wir dazu beitragen, eine zufriedene, erfolgreiche, friedfertige und gesunde Zukunft zu erschaffen? Indem wir mit Begeisterung Neues denken. Jeder glückliche Gedanke, jede bunte Fantasie und jede heilende Absicht erzeugen ein Gefühl in unserem Körper, das irgendwann zur Realität wird.

Einer Studie des Meinungsforschungsinstituts Gallup zufolge gehen nur 16 Prozent der Arbeitnehmer in Deutschland mit Freude zur Arbeit. 67 Prozent hingegen sind demotiviert und beschränken sich auf den sog. Dienst nach Vorschrift. Wir lernen schon in der Schule, nur genau das zu tun, was uns gesagt worden ist. Genauso lustlos gehen die Kinder dann später auch arbeiten. Dabei ist Spaß die Voraussetzung für gute Leistungen.

Mit den Worten von Osho heißt das: „Je geringer du dich schätzt, desto geringer wirst du werden. Je weniger du deine Intelligenz würdigst, desto dümmer wirst du. Je mittelloser du dir vorkommst, desto ärmer wirst du. Je weniger du dich für schön hältst, desto hässlicher wirst du.“

Nur die Absicht des Guten bringt das Gute in unser Leben. Krankheit entsteht nicht selten durch Verdrängen von
310

Themen aus dem Bewusstsein in den Körper. Die Energie eines Problems, das – aus welchem Grund auch immer - auf der Bewusstseinsebene nicht bewältigt wird, verwandelt sich in eine körperliche Gestalt – in das Symptom.

• Was du glaubst ist das, was du erleben wirst und nicht umgekehrt.

• Dein Körper ist in deinem Bewusstsein enthalten und nicht umgekehrt.

Nicht ohne Grund hat A. Einstein einmal gesagt: Es sieht immer mehr danach aus, als ob das Universum nichts anderes ist als ein einziger, grandioser Gedanke.

Diese Perspektive auf das Leben ist so ziemlich genau das Gegenteil von dem, was die meisten Menschen für wahr halten. Aufmerksamkeit schafft Realität. Der „Glaube, der Berge versetzt" ist ein Gedanke, der mit Konzentration und Gefühl/Emotion aufgeladen wird. Glaube ist eine Form hochkonzentrierter Aufmerksamkeit.

Alles was wir denken und tun, hinterlässt eine kleine Spur, eine leichte „Kräuselung" im Akasha-Feld des kosmischen Bewusstseins. Wir telegraphieren unbewusst unsere Gedanken und Gefühle in das Umfeld. Alles ist mit allem verbunden. Alles, was uns zufällt, hat eine Bedeutung.

Wenn unsere Energie übereinstimmt mit der Schwingung dessen, was wir suchen, dann wird es uns irgendwann begegnen. Das Universum, die kosmische Matrix wird einen Weg finden, uns das Real werden zu lassen, was wir uns wünschen.

Wir sind fähig, mit der Kraft unseres Geistes und den Gedanken jegliche Materie zu verändern. So, wie aus einer einzigen Zelle der ganze Organismus erschaffen werden kann, so ist es dem Geist möglich, neue Welten zu erschaffen.

Wer Befreiung sucht aus einer verfahrenen Lebenssituation und eine bessere Zukunft anstrebt, der muss sein Unterbewusstsein mit positiven Gedanken füllen. Wer seine Gedanken auf Harmonie und Liebe einstimmt, dem werden Harmonie und Liebe begegnen.

Der Glaube, das Gesetz der Anziehung und die geistige Kraft sind die Auslöser für Synchronizität. Wenn wir nicht die nötige Überzeugung und Aufmerksamkeit besitzen, können wir nicht die gewünschten Ereignisse realisieren.

Der Mensch hat sich selbst so sehr in das Materielle und die nach außen gehenden Kräfte verstrickt, dass seine Befreiung von ihnen nur mit großer Mühe und Ausdauer erreicht werden kann. Seine Lage gleicht gewissermaßen der eines Vogels, den man viele Jahre in einem Käfig hielt. Selbst wenn man die Tür des Käfigs öffnet, würde der Vogel nur mit Widerwillen herausfliegen. Stattdessen wird er von einer Seite des Käfigs zur anderen flattern und sich mit den Krallen am Drahtgitter festhalten; er möchte nicht frei sein von Gewohntem und Vertrautem und durch die offene Tür hinausgelangen.

Was der Mensch neben dem Mut und der Begeisterung braucht, ist Vertrauen. Vertrauen in die eigenen Fähigkeiten oder in soziale Strukturen, die Beistand leisten. Und da hilft uns ebenfalls die Hirnforschung weiter, dass sie nachweist, wir können uns jederzeit ändern. Dass unser Gehirn Plastizität besitzt, dass es sich immer und immer wieder neu verschalten und bis ins hohe Alter neuronale Muster bilden kann. Dass Gehirn wird so, wie man es benutzt!

Wir könnten also deutlich ältere Mitarbeiter in unseren Betrieben zu exzellenten Fachleuten ausbilden, wenn es uns gelänge Begeisterung und Vertrauen zu wecken. Die emotionalen Zentren müssten in Schwung kommen, um neuroplastische Botenstoffe auszuschütten, Dopamin beispielsweise. Das ist so etwas wie Tuning fürs Hirn, wenn es zünden soll.

Wir haben also im Grunde kein hirntechnisches Problem, wenn wir im Alter lerntechnisch nicht in die Gänge kommen. Wir haben ein Begeisterungsproblem. Es fehlt meistens an spielerischen Elementen, stattdessen wird Druck erzeugt, welcher sich im präfrontalen Cortex abspeichert. Und was sich dort verfestigt, können wir mit dem Wort HALTUNG bezeichnen. Entweder wird der Cortex zum „Jammer-Lappen" oder er strotzt vor Selbst-Bewusstsein.

Alle gemachten Erfahrungen, die sich immer gleich oder ähnlich anfühlen, werden irgendwann zu einer Haltung.

Jemand, der neugierig ist und Spaß am Erkunden der Welt hat, dem braucht man keine besonderen Lernprogramme anzubieten, er wird seine Potenziale weitgehend ausschöpfen. Werden wir hingegen früh mit Druck oder negativen Erfahrungen konfrontiert, wird sich daraus zwangsläufig eine andere Haltung entwickeln.

Wie nun kann man einen Menschen einladen, ermutigen und inspirieren und sei dieser noch so faul und lernunwillig geworden? Dies gelingt nur, wenn wir Gelegenheiten kreieren, in denen der Mensch zeigen kann, dass er etwas kann. Dass wir ihn spüren lassen, wie es sich anfühlt, wenn man etwas leistet. Verantwortung zu übernehmen und sich erfolgreich einzubringen. Dazugehören und wertgeschätzt zu sein, das ist eines jener Grundbedürfnisse, die Potenzialentwicklung erst möglich macht.

Daraus folgt die frohe Botschaft der Hirnforscher: Wer sein Gehirn bis ins hohe Alter mit Teamgeist, Optimismus und Zuversicht füttern will, der muss versuchen, sich noch einmal für all das zu interessieren und zu engagieren, was er bisher noch nicht ausprobieren und entdecken konnte. Er müsste sich einladen, ermutigen und inspirieren lassen, die Welt noch einmal so zu betrachten wie damals, als er/sie noch ein Kind war: Mit all der Entdeckerfreude und Gestaltungslust, die für das Hirn gebraucht wird, wenn man nicht nur immer weiter durchhalten, sondern ständig über sich hinauswachsen will.

Stärke bedeutet nicht ausschließlich Siegen. Stärke bedeutet nur zu einem Teil durchhalten, dranbleiben, sich nicht unterkriegen lassen. Stärke bedeutet auch: **loslassen, aufgeben, scheitern können. Aber immer wieder mutig aufstehen.**

Veränderungen können wir nicht bestellen, aber die Informationen dazu sind abrufbar. Von diesen Kräften der Transformation handelte das vorliegende Buch.

Wer immer nur das tut, was er immer schon getan hat, wird auch stets dieselben Ergebnisse ernten, die er immer schon erzielt hat. Wandel im Außen erfordert zuallererst einen Wandel im Inneren. Und das beginnt mit einem up-date im Gehirn, denn Veränderung erfordert Neugier, Freude, Mut und Selbstbewusstsein, gepaart mit einer gehörigen Portion Kraft und Durchhaltevermögen. Dabei wünsche ich Ihnen Mut und gutes Gelingen.

Positive Affirmationen und Glaubensmuster

Ich bin bereit, zu vergeben

Mir selbst und anderen zu vergeben, befreit mich von

der Last der Vergangenheit

Ich vergebe, und schenke mir damit die Freiheit

Vergebung ist die Antwort auf fast alle Probleme

Ich vergebe und bin frei

Ich bin bereit, mich zu ändern

Ich liebe und akzeptiere mich voll und ganz, so wie ich bin

Ich liebe und akzeptiere mich bedingungslos und vollständig, auch, wenn ich depressiv bin und meistens Schmerzen habe

Ich liebe mich bedingungslos und vollständig, auch wenn ich mich die meiste Zeit meines Lebens nicht liebenswert fand

Ich schätze mich bedingungslos und vollständig, auch wenn mich meine Familie niemals wirklich geschätzt hat

In der Mitte meines Herzens sprudelt eine unendliche Quelle der Liebe

Ich liebe mich, und deshalb schaffe ich mir ein schönes
Zuhause

Ich liebe mich, und deshalb begegne ich allen Menschen
liebevoll

Ich liebe mich und weiß, dass meine Zukunft hier sicher
ist

Das Universum sorgt liebevoll für mich

Die Liebe erfüllt mich und strahlt von mir aus

Ich bin liebenswert

Ich bin wertvoll

Ich bekomme genug

Ich liebe mich und bin es wert geliebt zu werden

Das Verbreiten von Liebe verursacht mir Wohlbehagen, es
ist ein Ausdruck meiner inneren Freude

Die heilende Liebe Gottes erfüllt mein gesamtes Sein

Die Liebe erfüllt mein Herz, meinen Körper, meinen
Geist, mein Bewusstsein, mein ganzes Wesen und strahlt
von mir in alle Richtungen und kehrt vielfach zu mir
zurück

Die Welt ist sicher und freundlich

Ein unendliches Meer der Liebe fließt in mich ein

Alle meine Beziehungen sind harmonisch

Meine Familie ist ein wundervoller Ort der Kraft. Ihre Energie und Liebe stärkt mich und ich fühle mich aufgehoben in meiner Familie

Ich wende mich, voller Liebe meinem Partner zu

Ich respektiere und liebe meine Familie so wie sie ist, denn ich sehe das Wertvolle und Gute, das meine Familie mir gibt. Ich bin gut aufgehoben in meinem Familien-verband

Positive Affirmationen über Gesundheit

Ich bin auf dem Wege, heil und gesund zu sein

Ich bin dankbar für alles Gute in meinem Leben

Liebevoll achte ich auf die Botschaften meines Körpers

Ich liebe mich, und deshalb sorge ich achtsam für meinen Körper

Mein Körper weiß zutiefst, was Gesundheit bedeutet. Nun verbinde ich Körper, Geist und Gesundheit

Ich achte auf mein Denken und wähle bewusst gesunde Gedanken

Ich fühle mich in jedem Augenblick mit meinem Körper verbunden

Ich achte auf die Botschaften meines Körpers

Grenzenlose Energie strömt durch meinen Körper

Ich atme tief, ruhig und entspannt

Ich bewege mich jederzeit bewusst

Jeder Atemzug gibt mir neue Energie

Ich erlaube meinem Körper dem Rhythmus von Ebbe und
Flut zu folgen

Alle Zellen meines Körpers nehmen jetzt diese heilende
Energie auf

Alle Zellen singen und tanzen vor Freude und Gesundheit

Mein Körper ist gesund und schön

Ich liebe jede Zelle meines Körpers

Ich verbinde beim Atmen Geist, Seele und Körper

Heilende Energie strömt durch meinen Körper

Ich achte auf mein Denken und wähle bewusst gesunde
Gedanken

Positive Affirmationen zu Beruf und Geld

Alles was ich tue, wird ein Erfolg

Ich verdiene nur das Beste und öffne ich jetzt dafür

Ich bin glücklich, wohlhabend zu sein

Ich bin gut darin, Wohlstand zu erzeugen

Ich gehe sorgfältig mit Geld um

Ich kenne den Wert des Geldes

Ich bin erfolgreich

Geld ist mein Freund

Ich genieße es, Geld zu verdienen

Ich werde gut bezahlt

Ich liebe die Reichen

Ich segne die Reichen

Wohlstand und Überfluss in allen Bereichen fließen mir jetzt zu

Auf der obersten Sprosse der Erfolgsleiter ist ein freier Platz für mich

Erfolg ist Teil meines Lebens

Es ist gut für mich, Erfolg zu haben

Mein Geschäft (meine berufliche Tätigkeit) ist angefüllt mit rechtem Handeln

Alles, was ich wirklich brauche, wird von mir mit unwiderstehlicher Macht angezogen

Ich verfüge jederzeit über passende Ideen, Methoden, Geld und Kontakte

Ich werde auf allen Wegen von meinem höheren Selbst
geführt und inspiriert

Jeder Tag bringt mir wunderbare Möglichkeiten des
Wachsens und Entwickelns

Ich erschaffe mein Leben

Mein Denken ist frei

Ich liebe und achte alles in mir

Ich bin ein Abbild des Schöpfers

Ich lasse die Vergangenheit los

Es ist immer genug für mich da

Ich habe Mut

Die Gegenwart erfüllt mich in jedem Augenblick

Ich nehme jetzt die universelle Fülle an

Über den Autor:

Rüdiger Syring ist Dipl.-Psychologe, Baubiologe und Journalist. Über dreißig Jahre war er engagierter Sport-Reporter, Radio-Moderator und Chef v. Dienst beim Norddeutschen Rundfunk in Hamburg.

Nach seiner Pensionierung widmete er sich dem ganzheitlichen Ansatz der Bioenergetik, Geomantie und den radionischen Heiltherapien. Er arbeitet als Coach und Trauma-Therapeut. Zu seinen Seminar-Angeboten zählen neben der Baubiologie und der integralen Radiästhesie vor allem Themenbereiche wie Clearing, Neu-Codierung der Psyche und Sensitive Resonanz-Therapie.

Rüdiger Syring wendet sich gegen den heutigen Zeitgeist und gegen das Gros der Politiker, Verlage und Journalisten, bei denen Verharmlosen, Verschweigen und Vertuschen Methode hat. In seinen Seminaren, Schriften und Büchern versucht er mit kritischen Beiträgen das Schweigen und die Ignoranz zu durchbrechen.

Literaturverzeichnis

Gregg Braden: Das Erwachen der neuen Erde: Die Zeitenwende hat bereits begonnen! März 2009

Gregg Braden: Zwischen Himmel und Erde. Der Weg des Mitgefühls; Oktober 2001

C. G. Jung: Landkarte der Seele: Januar 2011

C.G.Jung: Erinnerungen, Träume, Gedanken29; November 2011

Wayne W. Dyer: Ändere deine Gedanken - und dein Leben ändert sich: Die lebendige Weisheit des Tao13; Mai 2008

Bernhard Moestl: Shaolin - Du musst nicht kämpfen, um zu siegen: Mit der Kraft des Denkens zu Ruhe, Klarheit und innerer Stärke; Dezember 2010

Dieter Broers: Gedanken erschaffen Realität: Die Gesetze des Bewusstseins Taschenbuch; September 2013

Michael Reimann: Lichtmedizin: Entspannung durch Harmonie mit der Erde Audio-CD – Audiobook; November 2014

Hans Ch. Scheiner/Ana Schreiner: Mobilfunk die verkaufte Gesundheit: Von technischer Information zur biologischen Desinformation. Warum Handys krank machen; November 2006

Klaus Piontzik: Gitterstrukturen des Erdmagnetfeldes: Analyse des Erdmagnetfeldes anhand der magnetischen Totalintensität; Juli 2007

Grazyna Fosar und Franz Bludorf: Zaubergesang: Frequenzen zur Wetter- und Gedankenkontrolle; Dezember 2005

Barbara Ann Brennan und Gabriele Kuby: Licht-Heilung: Der Prozess der Genesung auf allen Ebenen von Körper, Gefühl und Geist; Mai 1994

Michael Bellersen: Ihr Erfolg mit Affirmationen: Das große Buch der Affirmationen für alle Lebenslagen; November 2012

Kai-Uwe Schroeter: An der Grenze des Jenseits: Nahtoderfahrungen und die Unsterblichkeit der Seele; März 2012

Norbert Glaab: Vom Bekannten zum wirklichen Neuen: Das Neue ist etwas tatsächlich Neues, und nicht eine Wiederholung von alten Mustern. Broschiert; Juni 2012

Lilo Cross/Bernd Neumann: Die heimlichen Krankmacher: Wie Elektrosmog und Handystrahlen, Lärm und Umweltgifte unsere Gesundheit bedrohen; August 2009

Christoph Clauser: Einführung in die Geophysik: Globale physikalische Felder und Prozesse in der Erde; November 2013

Günter Wahl: Neue Tesla-Experimente; September 2010

Bernd Harder: 2012 - oder wie ich lernte, den Weltuntergang zu lieben: Leitfaden für Endzeit; Juni 2011

Bernd Harder: Die goldenen Regeln der Menschheit; September 2006

Jörg Starkmuth: Die Entstehung der Realität: Wie das Bewusstsein die Welt erschafft; Oktober 2010

Osho: Bewusstsein: Beobachte, ohne zu urteilen; November 2004

Christof Koch/Jorunn Wissmann: Bewusstsein - ein neuro-biologisches Rätsel; Januar 2014

Eckhart Tolle/Erika Ifang: Eine neue Erde: Bewusstseinssprung anstelle von Selbstzerstörung; September 2005

Christof Koch/Monika Niehaus-Osterloh: Bewusstsein: Bekenntnisse eines Hirnforschers; Mai 2013

Dr. Joe Dispenza: Du bist das Placebo - Bewusstsein wird Materie; September 2014

Michio Kaku/Monika Niehaus: Die Physik des Bewusstseins: Über die Zukunft des Geistes; September 2015

Viktor Mayer-Schönberger/Kenneth Cukier: Big Data: Die Revolution, die unser Leben verändern wird; Oktober 2013

Ronald Bachmann/Guido Kemper: Big Data - Fluch oder Segen? Unternehmen im Spiegel gesellschaftlichen Wandels; Februar 2014

Uwe Krüger: Warum wir den Medien nicht mehr trauen; August 2016

Prof. Dr. Sarah Diefenbach/Daniel Ullrich: Digitale Depression: Wie neue Medien unser Glücksempfinden verändern; Mai 2016

Mathias Broeckers/Paul Schreyer: Wir sind die Guten: Ansichten eines Putinverstehers oder wie uns die Medien manipulieren; September 2014

Albrecht Müller: Meinungsmache: Wie Wirtschaft, Politik und Medien uns das Denken abgewöhnen wollen; Dezember 2010

Bodo Schäfer: Rente oder Wohlstand: Wer sich auf die Rente verlässt, wird niemals finanziell frei! April 2016

Nick Loetz: Altersarmut in Deutschland: Herausforderung für die Sozialpolitik; Januar 2014

Der Paritätische Gesamtverband und Werner Hesse: Was tun, wenn die Rente nicht reicht?: Ein Ratgeber zur

Grundsicherung im Alter und bei Erwerbsminderung – Rechtsstand; Februar 2016

Anja Reschke/Martin Lilkendey: Und das ist erst der Anfang: Deutschland und die Flüchtlinge; Dezember 2015

Heribert Prantl: Im Namen der Menschlichkeit: Rettet die Flüchtlinge! Mai 2015

Christoph Reuter: Die schwarze Macht: Der „Islamische Staat" und die Strategen des Terrors - Ein SPIEGEL-April 2015

Thomas Gast: Terror im 21. Jahrhundert Broschiert; August 2015

Peter Langman/Klaus Hurrelmann: Amok im Kopf: Warum Schüler töten; September 2009

Åsne Seierstad und Frank Zuber: Einer von uns: Die Geschichte des Massenmörders Anders Breivik;   April 2016

Morton Rhue/Dr. Klaus Hurrelmann: Ich knall euch ab! (Ravensburger Taschenbücher) Januar 2002

Frank Schirrmacher: Ego: Das Spiel des Lebens; Februar 2013

Osho: Das Buch vom Ego - Von der Illusion zur Freiheit; Juli 2004

Richard Rohr: Befreiung vom Ego: Wege zum wahren Selbst; April 2015

Christa Kössner: Die Spiegelgesetz-Methode. Praktischer Wegweiser in die Freiheit Taschenbuch; August 2014

Sebastian Purps-Pardigol/Gerald Hüther: Führen mit Hirn: Mitarbeiter begeistern und Unternehmenserfolg steigern; September 2015

Gerhard Roth/Nicole Strüber: Wie das Gehirn die Seele macht; Januar 2016

Louann Brizendine/Sebastian Vogel: Das männliche Gehirn: Warum Männer anders sind als Frauen; Juli 2011

Antonio R. Damasio: Ich fühle, also bin ich: Die Entschlüsselung des Bewusstseins; März 2002

Werner Bartens: Empathie: Die Macht des Mitgefühls: Weshalb einfühlsame Menschen gesund und glücklich sind; Mai 2015

Rolf Sellin: Wenn die Haut zu dünn ist: Hochsensibilität – vom Manko zum Plus; April 2011

Hans Janotta: Im Schweiße deines Angesichtes: Glaubenssätze und ihre Wirkung auf dein Glück; April 2015

Axel Burkart: Mit einem Satz das Leben ändern: Die Kraft der richtigen Glaubenssätze; April 2014

Norbert Häring: Die Abschaffung des Bargelds und die Folgen: Der Weg in die totale Kontrolle; März 2016

Peter Hahne: Finger weg von unserem Bargeld! Wie wir immer weiter entmündigt werden; April 2016

Richard Thompson/Andreas Held: Das Gehirn: Von der Nervenzelle zur Verhaltenssteuerung; Februar 2010

Dietrich Klinghardt: Die fünf Ebenen des Heilens Audio-CD – Audiobook, 2. Januar 2004

Barbara Ann Brennan und Gabriele Kuby: Licht-Heilung: Der Prozess der Genesung auf allen Ebenen von Körper, Gefühl und Geist; Mai 1994

Colin C. Tipping und Matthias Schossig: Ich vergebe: Der radikale Abschied vom Opferdasein; Februar 2004

Jean Monbourquette und Uwe Hecht: Vergeben lernen in zwölf Schritten; September 2010

Joachim Bauer: Warum ich fühle, was du fühlst: Intuitive Kommunikation und das Geheimnis der Spiegelneurone; September 2006

Jan Assmann: Exodus: Die Revolution der Alten Welt; September 2015

Elisabeth Kübler-Ross und Jens Fischer: Was der Tod uns lehren kann; September 2010